科学24科普文丛

在天上打架

揭开身边的科学奥秘

新 海 著

U0340747

甘肃少年儿童出版社

图书在版编目（CIP）数据

在天上打架 / 新海著. -- 兰州：甘肃少年儿童出版社，2015.11（2021.6重印）

（科学24科普文丛）

ISBN 978-7-5422-3677-7

Ⅰ.①在… Ⅱ.①新… Ⅲ.①飞机—少儿读物 Ⅳ.①V271-49

中国版本图书馆 CIP 数据核字(2015)第 244594 号

在 天 上 打 架

新 海 著

项目策划： 王光辉　朱满良
项目执行： 朱富明　段山英
责任编辑： 雷　华
装帧设计： 钱　黎
漫画插画： 陈健翔
书稿统筹： 一路春心蹉跎
出版发行： 甘肃少年儿童出版社
　　　　　（兰州市读者大道568号）
印　　刷： 三河市南阳印刷有限公司
开　　本： 880毫米×1360毫米 1/32
印　　张： 5
字　　数： 160千
版　　次： 2016年5月第1版　　2021年6月第2次印刷
书　　号： ISBN 978-7-5422-3677-7
定　　价： 28.00元

目　录

一、能飞之前的那些事

在天上打架

人类很早就开始打架。一开始是你偷了我的一块肉，我拿了你的一条鱼，然后就都不怎么开心了。那时候没有"星巴克"，大家可以喝着咖啡谈谈，消消火气；也没有桑拿浴池，出一身汗冰释前嫌。好吧，那就只好打架了……

小贴士

在 1911 年的墨西哥内战中，受雇于革命军庞却·维拉部队的美国飞行员埃文兰伯，在他驾驶的那架"寇蒂斯"式飞机上，掏出手枪向政府军的一架侦察机开枪。他一定不会想到，自己正在开创一个历史——伴着这声枪响，人类在天上打架的历史正式拉开了帷幕。

就这么打着打着，大家一合计，乡里乡亲，抬头不见低头见的，干吗呀这是。不远处的部落既有肉，又有鱼，为啥不去拿他们的呢。这样一想，有人就结成伙，去拿邻居部落的鱼呀肉呀的。

邻居部落的人当然不甘心啦，道理很简单，鱼、肉都被你拿去了，那我们吃啥呀！这样打架也就不可避免了。打着打着，有了国家，打架的目标不再仅仅是鱼呀肉呀的了，升级为要土地，要权力啥的。有了国家继续打架，国家和国家打架，这就是我们所说的战争。

人类最开始打架比的是力气，比的是谁的块头大。后来知道用工具了，棍子啦石头啦什么的，打着打着不过瘾了，就有了刀啦，斧子啦，弓箭啦，战车啦，骑兵啦，然后有火枪、火炮，这打架的级别就越来越高。后来有人觉得在天上打架更有意思。

得嘞！这架就这么从地上一直打到了天上。

 《大闹天宫》里，神仙们都是在天上打架，对吗？

梦开始的地方

在我国山东省嘉祥县出土的东汉时期武梁祠石刻画像中，有一幅《雷神出巡图》，众多天神推着安坐在云朵中的雷神在天空疾行……

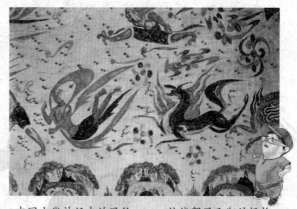

中国古代神话中的风伯——一位能驾风飞翔的怪物

我们的那些老的不能再老的祖宗们认为，能在天上打上一架，那绝对是一件非常非常值得嘚瑟的事情。就算不能在天上打架，哪怕能在天上飞上一小会儿，翻个筋斗啥的，也是无比牛气的。

当然，我们那些老祖宗们也坚决地认为，在天上打架，或者在天上飞根本就不

你喊我半天了，到底啥事儿？

飞飞飞！

魔法师骑的是扫帚，不是吸尘器。

在天上打架

是什么很难的事情，难的是怎样才能成为神仙。因为他们觉得，飞翔对于神仙来说，就和我们走路一样容易——这不，嫦娥一成为神仙就立马奔月了；《封神榜》里的大多数神仙也是可以飞的，在天上打上一架那也是稀松平常的；孙悟空就更不用说了，一个筋斗就能翻出十万八千里，大闹天宫不说，还干掉了很多妖怪；至于那些佛呀，菩萨呀的，坐在彩色云彩里，总是想去哪儿就去哪儿……

关于飞翔，洋老外的老祖宗也和我们的老祖宗的想法一致。例如洋老外的文学作品里总会有骑着扫帚飞的巫师。不一样的是，他们觉得，就算是神仙，飞翔也是不怎么容易的。例如，古希腊传说中有这样一个故事：克里特岛的国王米诺斯有一个牛头人身的儿子弥诺陶洛斯。国王羞于让自己的怪物儿子见人，就委托希腊的建筑师兼发明家代达罗斯替他建造了一座设计非常巧妙的迷宫，用来关住弥诺陶洛斯。但国王担心迷宫的秘密被走漏风声，于是下令将代达罗斯和他的儿子伊卡洛斯关进一座迷宫中的塔楼上，代达罗斯想出了一个逃跑的法子：他设计了一种飞行翼。当然，这种飞行翼也土得不行，它是用蜡把很多鸟羽粘在一起制成的。代达罗斯告诫

油画《伊卡洛斯的坠落》

儿子说："飞行高度过低，蜡翼会因雾气潮湿影响飞行速度；而飞行高度过高，则会因强烈阳光照射，造成蜡翼融化。"他们父子从岛上的塔楼展翅飞翔逃出，年轻的伊卡洛斯初次飞行没有经验，飞着飞着就因为太接近太阳，蜡翼融化，坠海身亡。父亲代达罗斯目睹此景，悲伤地飞回家乡，然后把自己身上的那对蜡翼封存在奥林帕斯山的阿波罗神殿里。

看来，洋老外的老祖宗文艺范十足，煽情很有一套。不过，中国的老祖宗们还真就在做飞翔梦了——他们发明了竹蜻蜓、纸鸢、孔明灯。这些最原始的飞行器具告诉世界：中国老祖宗在飞行上，确确实实是"飞"在了全世界的前面。

飞翔第一步

早在公元前 400 年左右的战国时期，一种叫做竹蜻蜓的玩具已经在民间相当普遍了。

竹蜻蜓的原理和现代直升机、旋翼机相同，其文字记载最早见于东晋时期葛洪所著的《抱朴子》，记述如下："或用枣心木为飞车，以牛革结环剑，以引其机。或存念作五蛇六龙三牛、交罡而乘之，上升四十里，名为太清。太清之中，其气甚罡，能胜人也。"其中的"飞车"被一些人认为是关于竹蜻蜓的最早记载，并认为该玩具通过贸易传入欧洲。在欧洲一幅 1463 年创作的圣母圣子像中就出现了竹蜻蜓的形象。现代航空先驱乔治·凯利也曾利用竹蜻蜓来进行航空器的试验。

现代塑料玩具竹蜻蜓

竹蜻蜓

人类制造的第一个能飞之物当属风筝。大约在西汉时代，中国人发明了纸鸢，也就是风筝——这表明，我国古人已经懂得如何利用空气动力将物体送上天空。这是人类最早的重于空气的航空器。

据记载，纸质的风筝最早出现在秦朝灭亡之后的楚汉相争时期。传说刘邦手下大将韩信率将西楚霸王项羽困于垓下时，下令造了一个很大的纸鸢，让身轻如燕的谋士张良坐在上面飞到楚军上空高唱楚歌，以瓦解楚军军心。

而中国人在之后又有过多次利用风筝飞天的实例。公元 559 年的南北朝时期，北齐暴君文宣帝高洋，强迫一些人乘着风筝从高 67 丈的高台上往下跳，拿人命当儿戏。结果其他人都摔死了，只有一个叫元黄头的人乘风筝随着风"飞"到了城外，

在天上打架

北京传统的沙燕风筝

竟然安全地落了下来。这是我国风筝载人最早的一次成功飞行的纪录。

至于利用风筝通风报信的事例就更多了。根据正史记载，在南北朝时期南朝的"侯景之乱"中，据南史卷八十《侯景传》中所述，在梁武帝萧衍（公元 549 年）时，侯景作乱，叛军将武帝围困于梁都建邺（即今南京），内外断绝，有人献计制作纸鸢，把皇帝诏令系在其中，放飞求援，不幸被叛军发觉射落，不久台城即遭攻陷。

公元 781 年，唐朝临洺城被叛乱的武装团团包围，守将张伾率领士兵坚守了一个多月，城中粮食已经吃完，眼看支持不住了。他写了一封告急的信，系在风筝上，放了出来，被前往救援的唐军获得。唐军立刻发动进攻，打败叛军，解救了临洺城。

风筝传到西方后，西方学者发现，风筝是利用空气动力学原理获得升力的——这便成为最有价值的飞行原理之一，早期很多飞机设计师都曾认真研究过风筝升空的原理。1825 年，一名英国的中学教师乔治·波科克制成了一只能够吊起一个人的大风筝。他把女儿玛莎绑在上面迎风升起了约 90 米。玛莎因此成为西方国家中乘"飞

写满祝福的孔明灯

漫天飞舞的孔明灯

机"上天的第一人。

即使是在飞机出现之后，风筝也并未完全失去角色，甚至在第二次世界大战期间，德国海军的潜水艇，还常常用风筝带着水手升到空中，侦察过往的舰船。

在三国时代，聪明睿智的中国人又有了新的发明——闻名遐迩的孔明灯。

传说，孔明灯是在三国时代由诸葛亮发明，这也是孔明灯名称的由来。诸葛亮当时被司马懿困于平阳（即如今的平乐古镇，在三国时期此镇为军事重地），眼见突围无望，又无法将消息传递给后方的大军。此时诸葛亮算准风向，制成纸灯笼系上求救信息放上天空，最终得以脱险。这特殊的纸灯笼就是后来的孔明灯，而平乐古镇也作为孔明灯的发源地名扬后世，不知道是否是由于制作孔明灯对纸张需求的刺激，在宋朝，这个镇还以造纸闻名。

在三国那个战乱的时期，孔明灯被用于军事方面。后来，人们燃放孔明灯以纪念诸葛亮。到了五代时期，孔明灯已经非常普遍，不但用在军事上，而且还成为了节日仪式的一部分，人们在元宵节放孔明灯烘托喜庆气氛，表达祝福，象征收获的成功和幸福。

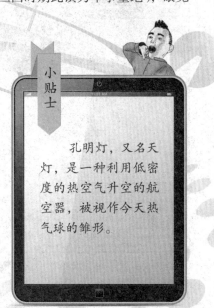

小贴士

孔明灯，又名天灯，是一种利用低密度的热空气升空的航空器，被视作今天热气球的雏形。

飞艇和热气球们

中国的"孔明灯"后来传到了日本，作为玩具在日本民间流行起来。1772年，在法国巴黎的一次博览会上，一些艺人展示了一种类似于孔明灯的"日本灯"，引起了一对名叫蒙哥尔费的法国造纸商人兄弟的极大兴趣。他们回家后立即进行了一系列的试验，在1783年10月15日，他们用自己制作的热气球，搭载着法国年轻科学家罗奇尔升到26米的空中，首次实现了人类可靠升空的理想。

 飞艇就是我们现在偶尔能看见，在空中做广告的那东西吗？

FIGURE EXACTE ET PROPORTIONS.
DU GLOBE AËROSTATIQUE,
Qui, le premier, a enlevé
des Hommes dans les Airs

1783年蒙哥尔费兄弟的热气球和其技术数据，绘制于1786年

同年11月21日，罗奇尔和另一人乘坐蒙哥尔费热气球，从巴黎郊区升空到约1000米高度，飘飞了25分钟后，在距离起飞地约8.9千米的地方，安全返回地面，完成了人类历史上的首次自由飞行。蒙哥尔费兄弟为此受到法国国王的表彰并授予勋章，分别被任命为法国科学院院士和国家研究院通信院士。

在蒙哥尔费兄弟研究热气球并取得成功后不久，法国物理学家查理又制造出了飘飞性能更好的氢气球。这种氢气球克服了热气球因为需要携带燃料只能减小有效载荷的缺点。1783年12月1日，查理和他的助手乘坐氢气球在巴黎上空翱翔了两个多小时，飞行高度达610米，行程43千米，这是人类首次氢气球载人飞行。

两种载人气球在这个时期的欧洲取

得的成功，并非完全出于偶然，它有赖于当时的技术水平——工业革命推动了科学技术的发展，在 18 世纪中期纺织工业带来了更轻巧、更结实的布料，这些优质的布料是欧洲人尝试制作大型的热气球的"底气"所在。

两种气球载人飞行的成功，让气球这个新东西狠狠地火了一把：整个法国陷入了极度的狂热之中，街头巷尾都在议论着气球，大多数人都以能够乘上气球，从天空中一睹大地的风采而自豪。这种情绪迅速地蔓延到整个欧洲以及世界其他地区。

1789 年，法国成立了气球学校。1793 年，法国政府设立了气球部，专门负责制造、装备和维修气球。1794 年 4 月，法国成立了世界上第一个气球侦察分队。

小贴士

当时法国的统帅拿破仑没有察觉到气球在战场侦察中的特殊作用，下令解散了气球队，以至于在后来的滑铁卢之战中没能及时发现敌军，被迫分兵搜索，从而未能在战争打响的时候及时集中兵力，这是拿破仑战败的原因之一。

但当时热气球没有安装操纵装置，只能够随风飘飞，毫无实用价值。为了解决这个问题，法国人让·皮埃尔·布兰查德在 1784 年将一个手动螺旋桨安装到气球上，解决了操纵的问题。1852 年亨利·吉法尔将一台蒸汽机安装在气球上，制造了首架有动力驱动的飞艇。

1785 年法国人让·皮埃尔·布兰查德驾驶飞艇跨越英吉利海峡。同年 9 月 24 日，他驾驶这艘飞艇从巴黎飞抵特拉普斯，完成了有动力有操控的飞艇的首

世界上第一艘有动力的飞艇

次载人飞行。

在天上打架

"齐柏林伯爵"号飞艇

1899 年德国人冯·齐柏林设计制造了第一艘硬式飞艇。它采用以汽油为燃料的内燃机为动力，大大提高了飞艇的飞行速度和航程。1900 年 7 月，第一艘齐柏林飞艇试飞成功。

齐柏林飞艇体型巨大，飞行性能稳定，能进行长途飞行，成为了当时载客及载货的空中交通工具。德国的齐柏林公司利用飞艇产业化运输。齐柏林公司最成功的飞艇是"齐柏林伯爵"号，它总共飞行超过 100 万英里。随后，当时人类最大的飞行器——"兴登堡"号豪华客运飞艇完成建造并运营。1937 年 5 月 6 日，"兴登堡"号突然在空中自燃焚毁，原因至今不明。飞艇运输业也由此宣告破产。

1899 年华侨谢缵泰在香港设计完成了"中国"号电动飞艇，这是中国最早的飞艇设计。1908 年，中国清朝政府在湖北陆军、江苏陆军和直隶陆军中先后成立了气球队，还编印过《气球学》一书。

像鸟那样飞

在欧洲，人类对于飞行的研究最早可以追溯到古希腊阿尔希塔斯（约公元前 375 年）所制造的机械鸽。然而因年代久远，记述不清，所以现代人已经很难知道那只机械鸽子究竟长啥样子，能干些什么了。

到了文艺复兴时期人们开始从理论上探求飞行的方式。人们首先想到的飞行方式就是像鸟那样飞翔，意大利的艺术家和

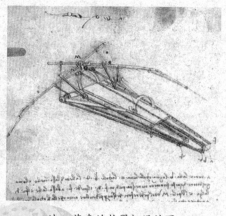

达·芬奇的扑翼机设计图

科学家达·芬奇就是代表人物之一。他长期研究鸟类的飞行，写成了《论鸟的飞行》一书。后人把他看作航空科学的先知。1485 年，达·芬奇设计出第一架模仿鸟的扑翼机。他设想使人处于俯伏状态，用人的臂力加上大腿肌肉的力量来扇动机翼进行驱动。

17 世纪时意大利的另一位科学家博雷利深入探讨了人类肌肉、骨骼和飞行的关系，指出人类没有鸟类那样轻质的骨架、发达的胸肌和光滑的流线型身体，他得出结论：人类的肌肉力量不足以像鸟类那样振动翅膀克服自身重力做长时间飞行，而且鸟类翅膀的复杂结构和运动规律是人类无法模仿的，因为翅膀的扇扑能同时产生升举和推进两种功能。他的结论宣告了人类欲模仿鸟类那样进行飞行会失败。

人们这才知道，要想升空飞行，必须走机械飞行之路。也就是说，将鸟翅膀的升举与推进功能分开，用固定翼产生升力，用螺旋桨产生推进力。这种设计思想，成为航空史上的一个重大转折。

直到现在，可载人飞行的扑翼机尽管也留下了一些宝贵经验，但依然说不上成

滑翔的鹰

在天上打架

奥托·李林塔尔被人们称为"德国滑翔机之王"。他也是历史上首位能够重复成功完成滑翔飞行的人。

奥托·李林塔尔和他的弟弟古斯塔夫制造了大量动力飞机模型，进行空气动力试验，获得了机翼的各种参数与升力之间的关系数据。1889年，奥托·李林塔尔把这些研究和试验结果整理出版了《作为航空基础的鸟类飞行》。这部书成了他同时代或比他稍晚的航空先驱者的必读书。

功。19世纪后半叶的滑翔飞行，则为飞机的最终发明成功做出了不可估量的贡献。

19世纪80年代，法国人穆亚尔出版了一本有名的著作《空中王国》。这部书除了论述航空将会对社会产生的巨大影响外，还以全新的方式考察了鸟的飞行。他认为，在飞行控制问题得到解决之前，不要盲目进行动力飞行试验，否则操纵者会有生命危险。穆亚尔本人从1856年开始设计制造滑翔机进行试验，但他前后花了40年制造的6架滑翔机性能都不太好，没有取得多少成功。他的后继者奥托·李林塔尔继续实践，使滑翔飞行终于在19世纪最后10年进入了一个异常活跃的时期。

不幸的是，进行过2000多次滑翔飞行的奥托·李林塔尔，在1896年的滑翔飞行试验中，因滑翔机被大风吹得失去控制后摔在地上，滑翔机里的奥托·李林塔尔摔成重伤，第二天在医院中死去。弥留之际，他对弟弟古斯塔夫说："总是要有人牺牲的。"之后，他的学生皮尔彻设计了带有轮式起落架、水平和垂直安定面的"鹰式"滑翔机，并多次成功飞行。1899年，皮尔彻在滑翔飞行试验中失事，也为飞翔梦付出了生命的代价。

奥托·李林塔尔和皮尔彻的相继失事，为欧洲航空的发展蒙

奥托·李林塔尔

1894 年 8 月 16 日，奥托·李林塔尔和他的人力扑翼机在起飞之前

上了一层阴影。但他们的滑翔机积累了大量宝贵的飞行操纵数据和经验，距离飞机的雏形仅剩一步之遥了。

意外的"程咬金"

虽然航空先驱们在探索动力飞行的升力与阻力、平衡与操纵、发动机等方面已经取得了很多突破，但是还没有取得最终成功。令人感到意外的是，飞机的最终发明者不是由国家财力资助的科学家，而是美国俄亥俄州一家自行车修理工厂的修理工莱特兄弟。

1903 年，莱特兄弟设计和制造了世界上第一架真正的飞机"飞行者 1 号"。该机是一种双翼飞机，机身为构架式，没有蒙皮。机翼剖面呈弧形，外包蒙皮，翼展 12.3 米。机尾是并列的两个方向舵。升降舵装在机头。方向舵和升降舵均由连杆与操纵手柄连接。动力装置是 1 台莱特兄弟自制的水冷四缸活塞发动机，功率为 8.8 千瓦，重约 68 千克，装在机翼中

1903 年 12 月 17 日，莱特兄弟的"飞行者 1 号"首次飞行

间，通过传动轮和链条带动两具两叶高效率推进式螺旋桨。起落架采用一对木质滑橇。包括驾驶员在内，全机总重约 340 千克。

1903 年 12 月 17 日上午 10 点 35 分，在乌云笼罩的美国北卡罗莱纳州基尔德夫尔附近的海滩上，传来了一阵发动机的轰鸣声，顶着刺骨的寒风，哥哥威尔伯·莱特和弟弟奥维尔·莱特驾驶着他们自制的"飞行者 1 号"飞机，歪歪斜斜地向前滑出，

在天上打架

莱特兄弟

离开地面腾空而起。12 秒后飞机在距离起飞点 36.6 米处降落，飞行高度大约为 3~4 米。随后，莱特兄弟轮流驾驶飞机试飞，而且越飞越好，第四次飞出了 260 米的距离，持续 59 秒——他们的飞行终于获得成功！1903 年 12 月 17 日，这一天，作为飞机诞生的日子被载入史册。

这是人类历史上第一次实现重于空气的，带动力的，有人驾驶的持续飞行。现代飞机完成机动飞行所必需的重要部件，在这第一架飞机上几乎都能找到。从这一天起，自行车修理工莱特兄弟开创了人类航空的新时代。与气球不同，重于空气的飞行器正式宣告人类开始了征服天空的步伐。

一个不得不说的中国人

受莱特兄弟的影响，许多人开始投身于航空事业，其中一个中国人的名字必须提上一提，这个人就是冯如。

提问 冯如是哪一年牺牲的？牺牲的时候有多大？

1895 年，清朝在中日甲午战争中战败，签订了丧权辱国的《马关条约》，割地赔款，国库空虚，民生凋敝。年仅 11 岁的冯如为了躲避政局日渐动荡的中国，跟随在国外做小生意的舅父吴英兰远涉重洋到美国旧金山谋生。

在旧金山，冯如生活艰苦。但他认识到：要想国家富强，必须有发达的工艺，而工艺的发达又有赖于先进的机器。于是他专攻机器制造。

由于当时美国推行排华政策，《中美华工条约》让华人在美国受到了不平等的对待。冯如先后在船厂、电厂和机器制造厂当过学徒和工人，经常遭到企业无理解雇，

冯如演示飞机

工作极为不稳定。同时，由于排华政策的影响，冯如也失去了在美国正规学校接受教育的机会。冯如只能不懈地坚持工作和自学，逐渐掌握了多种机械和电器的设计制造技术。

1903 年，冯如在报纸上看到莱特兄弟发明飞机的消息后，对航空产生了兴趣，开始收集资料，钻研飞机制造和飞行技术。1904 年，沙皇俄国和日本在中国土地上开战，冯加深受刺激，立志研制飞机，他说："当此竞争时代，飞机为军事上万不可缺之物。倘得千架飞机分守中国港口，内地可保无虞。"他的这个想法与 15 年后发表《制空权》一书的意大利空权理论家朱利奥·杜黑少将的观点不谋而合。早在孙中山发表"航空救国"的名言之前 9 年，冯如已经预见到航空在国防中的重要性。

冯如

1907 年 9 月，在当地华侨的资助下，冯如在旧金山以东的奥克兰市建立了一个

在天上打架

冯如墓碑

飞机制造厂，第二年 4 月，他制造了第一架飞机，但试飞失败。祸不单行，飞机制造厂失火，这架飞机不慎被焚。冯如并不气馁，继续研制工作，又制造了第二架飞机，于 1909 年 2 月进行试飞，再次失败。冯如虽历经挫折，却矢志不渝，又制造了第三架飞机，于 1909 年 9 月 21 日试飞，此次试飞顺利成功，从此结束了中华民族无人制造飞机的历史。9 月 23 日，《加利福尼亚美国人民报》发表了一篇题为《中国人民的航空技术超过了西方》的文章，报道冯如研制飞机的经过。1910 年 10 月，冯如在第三架飞机的基础上进行改进，制造了第四架飞机，试飞获得圆满成功，飞行高度 200 多米（也有说 100 多米），飞行距离达到 32.18 千米，飞行时速超过每小时 100 千米。当时的美国报纸对冯如的成功齐声赞扬。

中国航空百年，正是始于冯如先生的这次伟大飞行。可以说，是冯如开创了这个时代。

1911 年 1 月，冯如带着他的 3 个徒弟，带着两架自制的飞机返回祖国。辛亥革命后，冯如被广州军政府委任为飞行队长，准备率机参加北伐，后因清帝退位作罢。

1912 年 8 月 25 日，冯如在广州燕塘进行飞行表演，刚开始的飞行很成功，当飞机飞行高度已经达到 120 英尺时，地面上观众的鼓掌喝彩声响彻云霄。但冯如为了表现飞机的杰出性能，想让飞机飞得更高，猛拉了一把操纵杆，飞机突然垂直向上，机身失去平衡，冯如身体顿时失去依靠，从飞机上摔落出来，不幸牺牲，年仅 29 岁。

冯如遗体安葬在广州黄花岗烈士陵园。同时被追授为陆军少将军衔，碑塔正面篆刻着"中国始创飞行大家冯如君之墓"字样，碑左右两侧刻着《民国第一飞行家冯如君墓志铭》。

二、约架，那就来空中

在天上打架

其实，以前的人们并没有觉得有什么必要在空中打上一架，也没觉得飞机有什么了不起的作用。这种想法甚至一直到第一次世界大战初期，空中军事力量一直不被重视，飞机上也没有装备任何武器。虽然驾驶员们随身携带了手枪，那也是装装样子摆酷用的，交战双方的飞机在空中相遇，飞行员们顶多是挥挥拳头，开口骂几句脏话，以示敌对。

帮倒忙的侦察

我们都知道，站得高才能望得远。从空中往下看，必定一目了然。起初飞行器介入战争，就是用来侦察的。不过，这种侦察有时候并不怎么愉快，甚至还是噩梦。

 一次大战开始的时候，为什么人们不重视飞机呢？

这里说一个发生在美西战争期间，古巴圣胡安山战役中的故事。

1898 年 7 月 1 日这天，上万人的美军部队开始穿过一片茂密丛林中的狭长通道，向圣胡安高地进发。由于林木掩护，西班牙人看不到美军的具体位置，只能盲目扫射。不幸的是，美军人数太多也太拥挤，西军的胡扫乱射击中了不少人。同样由于西军使用无烟火药，美军根本找不到目标还击。虽然西军火力不强，但是美军大多数人已经心慌意乱，士气低迷。进攻陷入僵局。

这个时候，一位叫做戴尔比的美军中校想出了一个"好主意"：将用于侦察的氢气球派到前线，从高处俯览圣胡安高地，不就可以探明敌军的火力布置了吗？这个"好主意"很快就被采纳，不久后，一个热气球升腾在丛林上空约 20 米的高处，里面的戴尔比中校不时探头探脑，把他们看到的敌方动静写在小纸片上扔下来。因为树林茂密，戴尔比中校其实也没怎么看到敌人的动静。

西班牙人却如获至宝。虽然他们从阵地里根本看不到美国的地面军队，但他们却能确切知道美军所处的位置，因为戴尔比驾

不许动，再动我就开枪了。

我要是能够让孔明灯悬在半空不动，早拿诺贝尔奖了。

驶的热气球，很不识相地处在进攻中的美军头顶的正上方，这正好为西班牙的炮兵指示了目标。于是，密集的炮火向美国士兵倾泻。可怜的美国士兵挨了炮轰，却没有人知道炮火来自何方。

美军指挥官伍德上校非常恼火。他认为戴尔比的航空侦察是他所看到的"最欠考虑的白痴举动之一"，这位与士兵一起行军，穿行在丛林的陆军上校甚至希望热气球被击落。

当然没有人会去击落热气球——这个空中摆设对西班牙军队来说简直

古巴圣胡安山战役纪念画

在天上打架

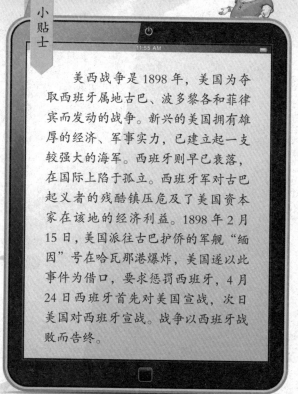

就是宝贝。所以，到战斗结束，整个美国军队中，只有戴尔比幸运地躲过了自己招来的炮火和弹雨，尽管自己军队的大部分人都希望他赶紧去死。

马儿鄙视飞机

1914 年，随着萨拉热窝的一声枪响，拉开了第一次世界大战的序幕。

各个参战国家的战争机器都全力开动起来，几百万军队分别在欧洲西部、中部、东部平原上，沿着各条战线挺进。这个时候，战争的舞台主要是在陆地和海上，空军依然仅仅扮演着一个非常搞笑的角色——偶尔出去侦察一下，其他时间飞行员只能凑在一起打扑克。

为什么开飞机的飞行员只能打扑克呢？因为他们的飞机不幸遭到了马儿的鄙视，被马的主人——骑兵投诉。

那个时候，相比上百万的陆军，整个欧洲仅有 375 架可用于战争的飞机。其中德国有 180 架用于执行观测任务的飞机和 13 艘齐柏林飞船。法国有 130 架没有明确具体用途的飞机，英国则只有 65 架，也不知道要这些飞机干什么用。这些飞机不是为军用设计的，没有装备任何武器，全部用木料和金属线制造，机翼和机身用涂上胶的帆布覆盖。

比 375 架飞机更为寒碜的是，懂得怎样驾驶飞机的军人还不到 100 人。空军没有获得支援地面部队的任何任务，甚至他们貌似最为擅长的侦察工作，也大部分由骑兵承担。骑兵们经常抱怨说，飞机发动机发出的巨大噪声让他们的马受惊了，强烈要求飞机离他们的马远点儿。

而投诉空军的骑兵的境况是什么样呢？随着机枪和火炮运用到战场，骑兵从冷兵器时代最牛的兵种瞬间变成了鸡肋兵种，将领们为怎样使用骑兵头疼不已。就是这样的鸡肋，一封投诉也能让空军哪凉快哪待着，可见空军多么没地位了。

好吧，那就只有打扑克了。来，我还有 4 个 A……

有一些不安分了

起先，交战国的飞行员在空中相遇，他们会很绅士地打打招呼，敬个礼什么的。后来觉得有些不对劲，因为向敌人打招呼、敬礼会不会很没有立场呢？于是大家在空中相遇，开始挥拳头，骂上对方几句——不过，这样的做法，用现在流行的话来讲，可以是咆哮体："很不过瘾的有没有！有没有！"于是，大家都觉得，应该再干得过瘾一些。

在一线作战的飞行员们往往比身处大后方研究室的专家学者们更加具有开创性。飞行员们琢磨来琢磨去，使用了包括手枪、弩箭、砖头在内的各式各样五花八门的武器来对付同样飞翔在天空的敌人，甚至用自己的飞机去撞敌人的飞机，也成了当时的一种"战术"。

有这样一个故事：俄国飞行员涅斯捷罗夫别出心裁地在自己的机身后部装了一把刀。你没听错，的确是一

这是在巴黎展示的一架一战初期使用过的德国飞机

在天上打架

把刀。1914年8月5日，他在和一架飞艇相斗时，用这把刀子剖开了飞艇的蒙皮。后来，他又决定在飞机尾部装一条带锤子的钢索，准备用它在飞过敌机头顶的时候，砸坏敌机的螺旋桨……好吧，算你狠，开着飞机做骑士，气死堂吉诃德我了！

当然，涅斯捷罗夫不是堂吉诃德。他之所以敢这么做，是因为他研究了飞机在天上究竟应该怎么飞的问题——飞机的盘旋。涅斯捷罗夫发现了"舵面变换现象"，确定了怎样才能保证飞机升力增加和带坡度飞行的升力速度。

按照涅斯捷罗夫的理论，如果飞机达到足够的速度，就能进行垂直面上的机动。他成功地完成了后来成为了垂直战斗特技基础的"死筋斗"这一关键战术动作，帮助许多飞行员避免了在战斗的紧要关头飞机突然失去速度而坠落的危险。

很快，在俄国出现了很多涅斯捷罗夫的追随者，上尉卡扎科夫就是其中之一。他使用了一种类似中国的古代兵器——"抓钩"，在飞机下部安装一条钢索，在钢索的顶端安装一个活动的"抓钩"。当卡扎科夫的飞机从敌机的上方飞过时，用这个抓钩把敌机勾住。

1915年3月19日，卡扎科夫飞经维斯拉河以西的时候，发现了一架德国的"信天翁"飞机。他开始悄悄跟踪，并把钢索拉开，用"抓钩"勾住了德国的飞机。

"信天翁"拼命地想要摆脱对手，卡扎科夫却不肯让到嘴的肥肉飞走。更绝的是，

小贴士

盘旋理论是根据"舵面变换现象"原理产生的操控飞机的技术理论，是所有空战机动中最基本的飞行动作。简单说就是，虽然不同飞机转弯角度的条件各不相同，但是，一旦完成一个急转弯，应该马上做出其他动作。否则，连续的急转会让自己的飞行速度迅速降低。盘旋急转需要一个条件：自己的盘旋性能要高过敌机。

他居然决定把"信天翁"撞掉。第一次，由于高度判断错误，没能撞上，来了脾气的卡扎科夫经过几次调整，终于用机轮狠狠撞在了"信天翁"的机身上。卡扎科夫还活着，他的飞机歪歪斜斜地平安降落，而他的对手则没他幸运，被撞的飞机一头扎了下去，轰隆一声，摔了个粉碎。

开打，那还等个啥

为什么在天空中用手枪不容易打到目标呢？

第一次世界大战初期，法国飞行员安德烈驾驶一架双翼飞机飞往比利时执行侦察任务。与此同时，德国飞行员汉斯也正驾驶飞机前往马恩河岸执行同样的任务。两机在空中迎面相遇，汉斯按照飞行员的规矩，向对方挥手致意。但安德烈却不吃这一套，反而嘲笑地向他伸出小指头。这一污辱性的动作令汉斯怒火中烧，他立刻调转机头向安德烈扑去。

这不是飞机上架的机枪，而是一台照相机，每扣动一次扳机，就会拍一张照片。早期航拍就是用这种枪式相机拍的

安德烈也不示弱，驾驶战机迎了上去。汉斯拔枪射击，安德烈也举枪还击。两人在空中打得热火朝天，但都是弹弹虚发。我们知道，手枪靠单手控制，加上射击时的后坐力，本来就是一种不容易操控的武器，而在空中高速飞行中，手枪根本无法做到正确的瞄准，所以弹弹虚发是很正常的。很快，两个人的子弹都打没了，什么战果也没有，双方兴味索然，调转飞机各回各家去了——人类历史上第一场空战就这样草草收场。

不过法国人还真的很较真。后来，一位叫弗朗士的法国飞行员索性把一挺火力

在天上打架

很强的刘易斯机枪固定在双翼飞机的上翼，打算用这个大家伙代替手枪和步枪，去揍那些在空中遇到的对手。1914年10月的一天，他用这把安装在他的飞机上的机枪，狼狈但成功地击落了一架德国的"亚维提克"式飞机，这被认为是世界上第一次有战果的空战。而这种在飞机上安装了机枪的飞机，也被认为是最早的歼击机的雏形。

不过，如果想在空战中不那么狼狈而且有效，唯一的办法是在飞机机头上安装武器。但是，要想在飞机机头上安装武器，最大的难题是如何让子弹避开旋转的螺旋桨叶片。

在那个时代，飞机还很原始，各种技术也不发达，人们很难想象子弹怎样才能够穿过高速旋转的螺旋桨。用很简单的数字就能够说明这一点——机枪发射子弹的速度是每分钟600发，而飞机上的双叶螺旋桨转速高达每分钟1200转，子弹不可能轻易地通过螺旋桨。

不过，对于飞机工业的发展来说，这已经是一层很薄很薄的纸了，只要捅破这层纸，人类在空中打架的历史，就算是真正地拉开了。从此，空军作为新的军事打击力量将露出青面獠牙，再也没人敢鄙视它的存在了。

让子弹穿越螺旋桨

1915年4月1日。就在这一天，德国的空中部队度过了一个让他们终生难忘的愚人节。

这一天，4架德国双座观测机正在天空中翱翔。尽管交战双方的地面战争正打得不可开交，但空中却还是平静的。

4架德国飞机完成了侦察任务正在返航。突然，一架单座法国飞机朝着它们飞来。德国飞行员并没有把这架法国飞机当回事。法国飞机临近了，就像做梦一样。它通过螺旋桨迸发出黄色的火焰，这下子德国人傻眼了，还没等弄清楚是怎么回事，一架德国飞机已经被击中，七扭八歪地冒着浓烟坠毁了。

法国飞机掉转机头，又是一梭

小贴士

法国著名特技飞行员罗兰·加洛斯是欧洲首个飞越地中海的人。这位富于冒险精神和创新思想的飞行家认为：主要用于空战的飞机，应该把机枪固定在机头部位，作战时，沿飞机纵轴向前射击。只有让飞行员一面操纵飞机，一面顺着前进的方向用视线瞄准，才会有良好的攻击效果。这就是一直影响至今的跟踪射击的空战战术理论。

子子弹，把第二架敌机打得凌空开花。其他几架德国飞机见势不妙，赶紧加速逃回了基地。

这场突如其来的空战的主角是法国飞行员罗兰·加洛斯驾驶的莫拉纳·桑尼埃型飞机，它被公认为是世界历史上第一种真正意义上的战斗机。而这架飞机之所以如此强悍，是因为法国人用一种非常巧妙的技术，解决了机枪穿过螺旋桨向前射击，而又不把自己飞机的螺旋桨打坏的难题。不可能的事情就这样在眼前发

法国传奇飞行员罗兰·加洛斯

生了。德国人不得不接受这份让人完全笑不出来的愚人节礼物。

正是这位法国传奇飞行员罗兰·加洛斯提出了跟踪射击的空战战术理论，但是这个理论在当时却很难实践。虽然法国是率先在飞机上安装机枪的国家，然而想要机枪向前射击，就很容易误伤到位于机头的自己飞机的螺旋桨。为了能让机枪不用十分别扭地躲开螺旋桨旋转面，法国人进行了各种尝试。

装备了子弹偏转器的莫拉纳·桑尼埃型飞机

罗兰·加洛斯与法国设计师雷蒙·桑尼埃一起反复尝试，终于找到了一个巧妙的方法解决这个难题：他们在螺旋桨叶片上加装了一个三棱形的钢板，安装在螺旋桨后面对应枪口的位置。当固定在机头的机枪射击的时候，那些原本会击穿螺旋桨的子弹就会打在三棱形偏转器的边缘上，被弹射开来。虽然缺点也相当明显：加装偏转片后螺旋桨性能下降，同时被弹开的弹头到处乱飞，有可能反弹回来击伤发动机。但这种偏转确实达到了让子弹通过螺旋桨射出，还不伤害桨叶的目的。

法国立即着手制造这种偏转器。安装了射击偏转器的飞机帮助法国人迅速地在空中战场取得了压倒性的优势。

科学技术的进步极大地影响甚至左右了空战的局面。而这种巨大的影响力，将一直贯穿在空战的历史之中，成为绝对不能忽视的要素。这一点，德国人应该体会最为深刻，因为他们很快就要给法国人带来足以痛彻心扉的报复。

1915年4月19日，让德国人闻风丧胆的罗兰·加洛斯驾驶着他的爱机在前线巡逻，他已经创下了在18天内击落3架并迫降两架敌机的惊人战绩，获得了世界上第一个"空中王牌"的称号。德国人千方百计想要对付他却没法得手。但这一天罗兰·加洛斯倒霉了，他的飞机发动机突然出现故障，不得不迫降下来，被德国士兵当场俘虏并缴获了他的座机。

新技术真给力

德国人邀请工程师福特，一起来研究这架缴获的传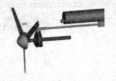
奇战斗机。这个福特是个荷兰人，早年曾经想去英国工
作，被英国拒绝。然后他想为法国工作，法国人又看不
起这个乡下人。最后德国人说，你来我们国家吧。就这
么，福特成了德国的飞机设计师。受偏转器装置的启发，

射击协调器

仅仅 48 小时后，这位从来没摆弄过机枪的天才，就完成了一个伟大的发明——"射
击协调器"。射击协调器的诀窍在于，当桨叶与枪管成一条直线时，机枪自动停止射
击。这样，就不必担心子弹射出时会碰到自己飞机的桨叶，也不会出现偏转装置将
反弹的子弹头四处飞溅，威胁驾驶员的生命和影响飞机的稳定的问题。德国人把这
种协调器装在"福特"E 型飞机上。

 德国人的飞机那么厉害，英国人和法国人有什么对策呢？

安装了射击协调器的"福克"E 型飞机走出机库就立刻横扫天空，一举扭转了

"福克"E.Ⅲ型单发单座单翼战斗机

开战之初德军的被
动局面，从 1915 年
7 月 1 日德国的"福
克"击落第一架法国
飞机开始，同盟国战
斗机连连击落协约
国的飞机。

以"福克"E 型
作战飞机为基础，德

在天上打架

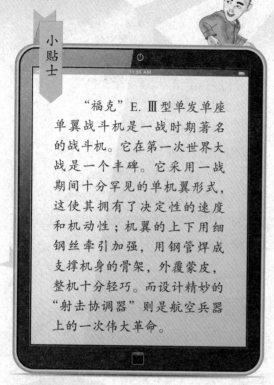

"福克" E. Ⅲ型单发单座单翼战斗机是一战时期著名的战斗机。它在第一次世界大战是一个丰碑。它采用一战期间十分罕见的单机翼形式，这使其拥有了决定性的速度和机动性；机翼的上下用细钢丝牵引加强，用钢管焊成支撑机身的骨架，外覆蒙皮，整机十分轻巧。而设计精妙的"射击协调器"则是航空兵器上的一次伟大革命。

国人还组建了世界上最早的专业化战斗机分队——"狩猎中队"。他们往往一次出动一二十架飞机，完全掌握战场的制空权。历史上称这一段时期为"福克式灾难"。

著名的"红色男爵"——德国飞行员里希特霍芬就是驾驶"福克"式战斗机作战而成名的。在一战中，他共击落 80 架飞机，位居德国飞行员之首，同时也是整个一战世界王牌飞行员中的第一位。

"福克式灾难"令协约国空军束手无策。无计可施的英国下议院，叫人哭笑不得地发表了一个"谴责德国"福克"飞机残酷虐杀皇家飞机"的声明，骂了德国人几句——看来，老外也有阿 Q 的毛病。

与此同时，使德国保持技术领先的福克也为世人认识。于是英国人又想出一招：写信邀请福克到英国，为皇家空军设计飞机，并许诺了 1000 万美元的酬劳，但这封信被德国情报部门截获。

为了削弱德军的空中优势，英法两国只能努力研制新飞机并改进战术。1915 年底到 1916 年初，他们先后研制出好几种式样的战斗机，但都不怎么好用。直到他们俘获了一架因为故障被迫降落的"福克"战斗机，射击协调器的秘密才终于大白于天下。1916 年 5 月，装有射击协调器，被称作"格斗之王"的索普威斯骆驼型战斗机投入使用，"福克式灾难"最终被遏制。

最初的战术

战争是残酷的。但是，残酷的战争往往能激发出人类的智慧和勇气。第一次世界大战爆发还不到一年，空战已经开始升级。此时，装备机枪的歼击机已经问世，随便哪一方，稍有不慎就有被消灭的危险。因此，飞行员开始研究空战战术了。

在众多的飞行员中，有两个德国人很快脱颖而出。战史专家说："空战史上的真正作战是从波尔克和殷麦曼开始的。"1915年7月，后来获得"空战之父"尊称的波尔克，驾驶着他的飞机躲在浮云里窥视敌机。他占据了高度优势，同时他又利用阳光和云作为掩护。当法国飞机从后下方追来时，波尔克采用一个急转弯动作，一下子就把法国飞机击落了。

"空战之父"——德国王牌飞行员波尔克

波尔克尝到了甜头。从此他开始系统地研究了这一空战战术。每次空战，他总是先爬高到1500米，在己方上空利用阳光遮蔽，伺机而动。由于大部分协约国飞机飞不到这一高度，飞来的敌机只要稍不注意，他就居高临下俯冲接近敌机，近距离开火，然后再次爬高，等待下一次攻击机会。波尔克采用这一套战术，使他在空战记录上占领先地位。

有一次，波尔克在俯冲攻击面前的敌机时，另有一架敌机也在追踪着他，而他却不知道。吓出一身冷汗的

小贴士

双机编队，即长、僚机之间有攻击、有掩护地密切协同作战。作为僚机，首要的任务是掩护长机进攻，扫除威胁长机安全的敌机，保障长机放心大胆地追击，歼灭敌机。在志愿军空军击落敌机的史册中，有许多英雄长机，也有许多用生命保护长机、保证战斗胜利的好僚机。他们忠实地履行了"比打下一架敌机更光荣"的职责。

在天上打架

"殷麦曼翻转"示意图

波尔克找到另一个德国空中王牌飞行员殷麦曼，结成飞行史上第一对双机。

殷麦曼被称为"里尔之鹰"，也是一个有勇有谋的人物。早在1914年9月，在德军对巴黎的空袭行动中，殷麦曼驾驶着"特奥伯"式单翼机，低空掠过城市上空，投下炸弹，使居民区陷入混乱。随后他异想天开地撒下大量传单，结果，吓得巴黎守军赶紧向德军投降。

波尔克和殷麦曼一起制订了一套空中联络信号，互相为对方视界盲区提供掩护，并借此发现从机尾悄悄接近过来的敌机。就这样，波尔克和殷麦曼在空战中配合默契，取得赫赫战果。也使得其他国家的空军纷纷采用了双机编队。

殷麦曼和波尔克在双机编队飞行中，还创造并完善了闻名于世的"殷麦曼翻转"。这是根据占据高度就能取得攻击主动地位的经验得来的。

在当时，空战中最常用的机动动作是盘旋和转弯的水平机动飞行。而根据占有高度就能取得攻击主动地位的经验，1915年秋，殷麦曼创造了一种新的飞行方法：在遭到敌机攻击时，先将飞机急剧攀高，在攀高的同时改变飞机的飞行状态，使飞机失速进入螺旋状态，在飞机急速下落中改出……当自己处在被敌机攻击的不利境地的时候，借助这个动作，既可摆脱敌机，又能迅速获得高度优势，像老鹰捕食那样对敌机实施再次攻击。殷麦曼与他的搭档波尔克一起演练这一动作，使之变得更为完美，成为流传至今的一个空战必备技巧。

从此，掌握了各种领先空战技术的波尔克和殷麦曼在空中所向披靡，引得世界各国空军纷纷效仿。双机编队就此成为了空战的主流。

双机编队后来发展到了3机、6机甚至12机的大编队。德军还采纳了波尔克的建议，以用14架战机组成阵列执行战斗任务，逼得英、法两国不得不也组建编队抗衡。大规模的机群对机群的攻击便开始了。

在大规模的机群对抗中，出现了一种叫做"拉弗伯雷圆圈"的飞行队形，这是一种利用防御队形，进行盘旋取得高度优势，伺机反攻的空战战术。这种战术一直沿用到很多年之后的朝鲜战场。

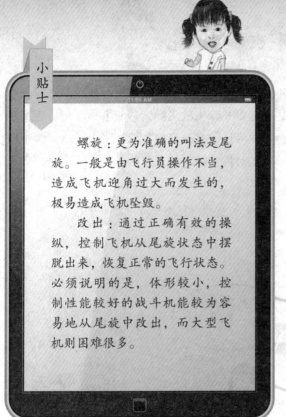

小贴士

螺旋：更为准确的叫法是尾旋。一般是由飞行员操作不当，造成飞机迎角过大而发生的，极易造成飞机坠毁。

改出：通过正确有效的操纵，控制飞机从尾旋状态中摆脱出来，恢复正常的飞行状态。必须说明的是，体形较小，控制性能较好的战斗机能较为容易地从尾旋中改出，而大型飞机则困难很多。

炸弹从天而降

人类史上最早的空袭应该是发生在 19 世纪中期的奥意战争中。当时，奥地利军队使用了 200 个小型气球，每个气球携带一枚 30 磅的炸弹，打算将气球送到威尼斯上空，然后降落炸死对手。但不幸的是，由于风向不给力，炸弹根本就没有落在对手的"脑袋"上，一个原本很天才的想法，一不小心变成了个笑话。

在天上打架

 冯如用手榴弹把慈禧老太后炸死了吗？

　　有趣的是，中国航空之父冯如最想制造的，居然是轰炸机。他在潜心研究航空知识的时候，嘴里碎碎念着的是一定要开着飞机飞到紫禁城上空，然后丢下手榴弹，炸死那些万恶的慈禧老太后！非常可惜的是，当冯如驾机飞上天空，为中国动力载人飞行史谱写了光辉的第一页的时候，那个"万恶的老太后"已经翘辫子快一年了。

　　人类真正意义上的首次空袭，应属于意大利飞行员朱里奥·加沃蒂少尉。当他在 1911 年 11 月 1 日这天，将 4 枚每个重约两千克的榴弹恶狠狠地从自己驾驶的"鸽"式飞机上丢了下去，砸向下方的土耳其军队阵地。他一定不会想到，自己正在开创一个历史——空中轰炸由此展开，空军作为战争的一个兵种，将不再仅仅是看得远一点儿的眼睛，而是正式成为地面部队的噩梦……当然，朱里奥·加沃蒂少尉的 4 枚榴弹事实上并没能造成什么伤亡，但是却产生了意外的心

理震撼效果，当时的土耳其军队在很长时间对头顶出现的飞机都产生了难以抑制的恐惧。

　　空袭在心理战方面的优势从一开始就展露无疑。

　　再说个有趣的故事：1917 年张勋复辟，把退位多年的宣统小皇帝又推上龙椅，

飞行员正在准备用手投掷炸弹

但这出闹剧仅仅 12 天就收场了。讨逆军为了吓唬吓唬溥仪，开了两架飞机飞到紫禁城上空，投了几枚威力很小的炸弹，结果只炸死一条狗。就这样却把溥仪和他父亲载沣吓得屁滚尿流，赶紧向讨逆军表示复辟那都是张勋逼迫的，与自己无关。

齐柏林大恐慌

朱里奥·加沃蒂少尉制造的那次轰炸并没能真正引起人们足够的重视，这是因为当时飞机刚出现不久，空中载量较小，用区区几枚榴弹对地面轰炸威胁不大，准确性更是不靠谱。所以从天而降的威胁在很长一段时间里只是个别飞行员的自娱自乐。直到四年后，1915 年 1 月的某一天……

1915 年 1 月的一天，在英国某城市的上空，一些纸条随风飘落下来，上边写道："你们这些英国人，我们已经来过，而且还要再来。不投降就是死。"这些从天而降，写着恫吓字样的纸条使人们困惑不解，消息不胫而走，街头议论纷纷。原来，这是德国林纳茨上尉指挥的 LZ-38 齐柏林飞艇投下的"拜访名片"。

当时，奥匈帝国和塞尔维亚的地方冲突已经发展为世界大

齐柏林飞艇

在天上打架

战，德国在进攻巴黎的路上，被英法联军所阻，战争呈现胶着状态。为了打破僵局，德国统帅部为了迫使英国把部队和武器撤离法国，于是决定对英国进行轰炸。

自从 1852 年，法国发明家亨利·吉法尔制造了世界上第一艘飞艇，造价昂贵速度缓慢而且目标明显的飞艇在军事领域并没有啥作用，也渐渐被人们忽视。德国的齐伯林伯爵在 1900 年制造了第一艘硬式飞艇。这种飞艇采用活塞式发动机作动力，飞行性能好，装载量大，这在前文都提到过。

在第一次世界大战开战时，德国拥有一支世界上规模最大的航空部队。这支空中力量由帝国陆军航空勤务队和帝国海军航空勤务队两部分组成，分别隶属于陆军和海军。不过，德国扩大航空部队的重点并没有放在飞机上，而是放在了他们的齐柏林飞艇上。他们指望用这些庞大的飞艇来进行战术和战略侦察。

而 1915 年的这一天，他们开始试着将运载能力出众的齐柏林飞艇用于空袭。林纳茨上尉参加了这次飞艇空袭行动，还异想天开地丢下了纸条警告。

5 月 30 日，林纳茨再次驾驶着齐柏林飞艇飞到伦敦上空。这次，飞艇里的炸弹开始向人群密集的地方投下，当然这种原始的投弹方式所产生的轰炸效果是很有限的。这次空袭，造成 7 人死亡、30 多人受伤。但是给英国人造成了巨大的精神压力。

德国人继续增派了大量齐柏林飞艇再接再厉地进行轰炸，在英国人紧绷的神经上继续加码，制造了著名的"齐柏林大恐慌"。

齐柏林飞艇被德国人视为超级武器，飞艇一出，无往不胜，无坚不摧。

德国最高统帅认为，他们那些比飞机飞得高的齐柏林飞

坠毁的齐柏林飞艇

艇是英国战斗机攻击不到的。所以，这些飞艇完全没有防御能力。在巨大的飞艇飞到安全的高度之前，它们很容易遭到飞机的攻击，只要有一点火星碰到了非常易燃的氢气，飞艇就会迅速燃烧得一干二净。

英国人很快在一次空战中发现了这一点。于是，英国皇家空军在不到一周的时间里，就击落了好几艘齐柏林飞艇。

1916 年之后，随着几种新型航空机枪子弹的问世，迎击齐柏林飞艇的成功率大大增加。1918 年 8 月 5 日，在局面越发不利的情况下，德国飞艇部队的指挥官彼得·施特拉塞亲自率领齐柏林飞艇最后一次空袭伦敦，结果他被英军击中阵亡。

轰炸机登场

 最早的轰炸机是德国人制造出来的吗？

在 1915 年 1 月 19 日至 1918 年 8 月 5 日的"齐柏林大恐慌"之中，德国出动飞艇 208 艘次、飞机 435 架次对英国实施空袭，其中飞机空袭 52 次，飞艇空袭 51 次，投弹约 300 吨，造成约 1300 人死亡，3000 人负伤。约有 80 艘飞艇毁于防空的炮火和恶劣天气。这样的作战效率明显很不划算，柏林的战略家们

轰炸机先驱，俄国的重轰炸机——伊利亚·穆罗梅茨

终于放弃了飞艇，转而开始制订计划，他们要制造轰炸机了。

但在，使用飞机进行轰炸方面，德国人已经远远地落后于俄国人了。

在天上打架

德国士兵将一枚 100 千克的炸弹装到飞机上

俄国人早在第一次世界大战前就已经认识到了飞机终将取代飞艇。因此，俄国在研制轰炸机方面，成为当时世界上最先进的国家。

最早的轰炸机是由俄国机械工程师伊戈尔·伊万诺维奇·西科尔斯基发明的。在第一次世界大战的中期就已出现了专门研制的轰炸机，它就是俄国的一种重型四发轰炸机"伊利亚·穆罗梅茨"型。该机起飞重量 4590 千克，可载炸弹 520 千克，乘员 7 名，每台发动机功率 110 千瓦。同时意大利也研发有"卡普罗尼 Ca32"型三发轰炸机，由卡普罗尼航空工程公司研制，起飞重量 3300 千克，可载炸弹 850 千克，乘员 4 名，每台发动机功率 73.5 千瓦。

1914 年 12 月，俄国用"伊利亚·穆罗梅茨"组建了世界上第一支重型轰炸机部队。于 1915 年 2 月 15 日首次空袭波兰境内德军目标。第一次世界大战期间，轰炸机得到迅速发展和广泛使用。当时轰炸机的时速不到 200 千米，载弹量为 1 吨左右，多为双翼机。

但真正开始用飞机专门轰炸特定目标的，却是后来居上的德国人。1917 年德国对伦敦和英格兰南部的持续轰炸，特别是夜间轰炸，开创了一个残酷杀伤平民百姓的先例，引起了英国后来的报复。从此也就有了"战略轰炸机"的称谓。从那以后，轰炸机开始出现专注于攻击前线目标的"战术轰炸机"和攻击大城市、工厂等目标的"战略轰炸机"这两个分支。但这个时期的轰炸机，即使是较为大型的设计，基本形态都很相似：木材或者是金属与布料蒙皮的结构，开放式座舱，少量的自卫火力，譬如步枪口径的机枪。炸弹是由后座飞行员用双手丢掷的。

三、我的天空我做主

　　从第一次世界大战结束后，到第二次世界大战前，世界各工业发达国家在飞机的研发上取得了巨大进步。随着技术的进步，性能的改进，飞机的速度、航程、升限等世界纪录不断被打破。

　　作为人类历史上规模最大、参战国家最多的战争，第二次世界大战中飞机从第一次世界大战的配角，一跃成为大展身手的主角。飞机的活动范围之广，参战数量之多，战果之显著，作用之大，战况之壮烈，都是前所未有的。在战争机器的推动下，参战各国制造了七十余万架飞机。空中力量使得第二次世界大战成为完全立体的、跨洲际和大纵深的战争利器。

插问 第二次世界大战有哪些有名气的飞机呢？

呼啸的死神

容克斯 Ju87 俯冲轰炸机

　　说到第二次世界大战的飞机，首先要说的就是这款容克斯 Ju87 俯冲轰炸机。它是第二次世界大战纳粹德国空军主要使用的一种俯冲轰炸机，一般俗称"斯图卡"，取自俯冲轰炸机的德文写法的缩写。

　　1939 年 9 月 1 日，德国发动了"厄斯特马克飞行"计划，即"用武力解决波兰问题"，计划用四个俯冲轰炸机大队和一个强击机大队、一个驱逐机大队组成，帮助从西里西亚出击的第 10 集团军在波兰国境打开一个突破口，而后支援该集团军的坦克部队直捣华沙。进攻的时间是 4 点 45 分。纳粹德国分成南北两个集团军和一个预备集团军群以及两个航空队，从东北和西南两个方向，向波兰实施向心突破。这一天的 4 点 26 分，天刚

第二次世界大战中最有名的飞机是哪个？

对，就是肯德基炸鸡。

是不是轰炸机……

蒙蒙亮，第一俯冲轰炸航空团第三中队长布鲁诺·迪雷中尉率 3 架飞机起飞了。它们向南迂回穿过迷雾。4 点 34 分，3 架俯冲轰炸机在离地 10 米的高度超低空飞行至迪尔沙铁桥左侧的路基。迪雷按下投弹按钮，飞机与炸弹刚刚分离，炸弹随即爆炸，这就是第二次世界大战的首次俯冲轰炸攻击——史上首次精准而可怕的空中轰炸随即迅速摧毁了地面上各个重要的军事目标。而执行这种划时代的新攻击形态的，就是整个二战都大名鼎鼎的斯图卡俯冲轰炸机。

在天上打架

因为对一战时俄国飞机的轰炸印象深刻，一战之后的德国人一直惦记着使用飞机进行有效的轰炸。他们要运用当时运载量还非常有限的飞机进行轰炸的关键是精确打击。为了做到精确轰炸，德国人于 1934 年研制出了俯冲轰炸机，这种飞机从空中垂直飞向目标，然后投掷炸弹，命中率大大提高。

俯冲式轰炸机的作战演示图

容克斯 Ju87 俯冲轰炸机最容易辨认的特征就是它那双弯曲的倒鸥翼型机翼、固定式的起落架及其独有的恐怖的尖啸声。

容克斯 Ju87 机体非常牢固，能以 80 度的角度向下急速俯冲。它装备自动计算装置，可正确计算出开始俯冲和拉起机头的时间。在它的前翼梁下装有一对俯冲减速板。这些特点使斯图卡轰炸精准度极高，圆径误差在 25 米以内。在斯图卡的机头冷却进气口装有一个空气驱动的发声装置，在俯冲时就会发出类似空袭警报那样凄厉的尖啸声，在炸弹还没落下以前，已经对地面的人的心理造成极大的冲击。

容克斯 Ju87 除了两翼挂载的航空炸弹外，武器系统还包含安装了两翼、由飞行员操作的两挺 7.92 毫米 MG17 机枪；机枪手操作另外 1 挺 7.92 毫米 MG15 后方机枪，可以用于空战自卫以及对地面的扫射。

在轰炸机方面，德国人玩的是"小""快""灵"。因为当时轰炸机都没有精度高的瞄准器，大中型水平轰炸机以较高的高度进行水平轰炸，命中率非常低。而且这些大飞机造价和研发代价很高，很不适合德国的需要。斯图卡系列飞机则完美地契合了德国闪电战的战术需求。外号"坦克棺材"斯图卡在攻击坦克、军舰或者要塞工事等目标方面，作用巨大。

1939 年 9 月 1 日，斯图卡是第一批越过波兰边境实施空袭的飞机。之后，轰炸荷兰兵营，摧毁比利时坚固堡垒，粉碎法国坦克部队的反冲击，扫射敦刻尔克海滩上等待撤退的英国远征军……斯图卡纵横欧洲战场。

除了轰炸交通枢纽、军用设施等固定目标外，斯图卡最重要的作用是为德军装甲部队提供空中支援。德军每个坦克师都配备

外号"坦克棺材"的 Ju.87G 型斯图卡俯冲轰炸机

有空军的联络员，一旦遇到敌军的抵抗，立即呼唤空中支援，然后，斯图卡以准确的轰炸迅速瓦解对方的防御。斯图卡具有大范围的作战能力和灵活的攻击性，在盟军的阵线后方集结的法军装甲部队常常在运输途中就遭到了斯图卡毁灭性的打击。

德军利用装甲摩托化部队快速地挺进，而盟军则在自己的防区中举步维艰，盟军部队犹如爬行般的行进速度是因为德国空军不停顿的反复空袭所造成的。

在东线，斯图卡更充分地展现了其优良的攻击性。在 1941 年，苏联空军彻底被德国空军所压制，290 多架斯图卡轰炸机在前线从容地对目标发动攻击。一名德军飞行员甚至用斯图卡轰炸机击沉了一艘苏联战列舰，他还取得了击毁 519 辆坦克的惊人纪录。

诱饵战术

由于有斯图卡开道，德军地面机械化部队才能快速推进，闪击对手。斯图卡就是德军闪电战的王牌。但另外一个问题也令德军非常头疼，那就是斯图卡防御能力比较差，遇到对手的战斗机会死得很难看。于是，专门为空中格斗机研发的战斗机梅塞斯密特 Me.109 来到了斯图卡的身边，成为了斯图卡的搭档，担任保护的任务。

在天上打架

梅塞斯密特 Me.109

梅塞斯密特 Me.109 战斗机坚固、轻巧、可靠、灵活，攻击能力比同时期的战斗机要先进许多。这是一种非常具有实战价值的飞机。它的时速为 689 千米，航程为 720 千米，飞行高度 12000 千米。火力系统为两挺 13 毫米的机枪和 3 门 20 毫米的机炮。

梅塞斯密特 Me.109 战斗机总共生产了 33000 余架。除了德军外，还提供给同盟国罗马尼亚、保加利亚、芬兰等国。

在德军发起的对英国进行的"不列颠空中战役"中，梅塞斯密特 Me.109 战斗机掩护德军轰炸机对英国机场和城市进行了狂轰滥炸，给英国人民带来了巨大的灾难。梅塞斯密特 Me.109 战斗机在欧洲战场上疯狂一时，不过，几年后美军的 P-51 "野马"战斗机、英国的"喷火"战斗机、苏联的拉 -7 战斗机都后来居上，各种飞机的战斗性能均达到或超过梅塞斯密特 Me.109 战斗机。

让我们回到 1939 年波兰的战场。在整个波兰北部地区狂轰滥炸，摧毁了大量机场、油库、车库等重要建筑以及波兰的骑兵旅、高炮阵地等密集

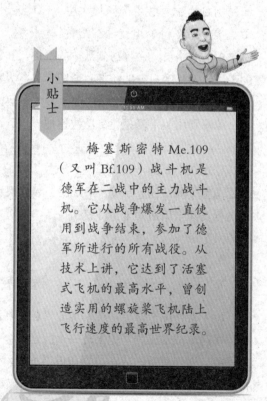

小贴士

梅塞斯密特 Me.109（又叫 Bf.109）战斗机是德军在二战中的主力战斗机。它从战争爆发一直使用到战争结束，参加了德军所进行的所有战役。从技术上讲，它达到了活塞式飞机的最高水平，曾创造实用的螺旋桨飞机陆上飞行速度的最高世界纪录。

军事目标之后，疯狂的德国第一航空队转向了他们的主要目标——波兰。在这里，德国空军遇到了波兰空军的迎战，第二次世界大战的首次空中对战在华沙上空展开——波兰的帕维利克夫斯基上尉率领 PZL-11C 型战斗机两个中队约 30 架飞机出战。担任德国轰炸机护航任务的梅塞斯密特 Me.109 也立刻迎了上去。

格斗中的梅塞斯密特 Me.109

战斗中，一架梅塞斯密特 Me.109 飞机似乎发生了故障，正在低空低速脱离战场，一架波兰飞机立刻赶来咬住它想捡个便宜。然而，这架眼睁睁就要成为自己战利品的德机却突然加速脱离，把尾追的波兰飞机交给了迅速赶来的友军，想捡便宜的波兰飞机则变成了火球——这是德军采用的诱饵战术，德军反复地使用了这个战术，在短短几分钟内就击落了 5 架波兰飞机。

但波兰空军也顽强抵抗，给德军造成了重大杀伤。这次空战一直持续到 9 月 8 日后进入转折，波兰空军的补给线彻底断了，报废的飞机越来越多。到 9 月 17 日，还能飞的少数几架波兰飞机只能奉命飞往罗马尼亚避难，第二次世界大战初期的波兰空军祖国保卫战就此结束，波兰的天空彻底向德国敞开，斯图卡可以任意肆虐，德国也迅速攻陷了波兰全境。

当然，德国空军的"厄斯特马克飞行"计划也付出了巨大代价——它损失人员 734 人，飞机 285 架。但是，用不到 28 天的时间，打败了一个有相当军事实力的国家的速度也令世界震惊。波兰战役的空地协同作战成为二战德国闪电战的样板。

在后来的 1941 年 6 月 22 日，德军故技重施突袭苏联，在梅塞斯密特 Me.109 的掩护下，斯图卡轰炸机在第一天里就击毁了 1800 余架各种飞机，帮助其机械化部队突入苏联境内 20 千米以上，重创苏军。

敦刻尔克奇迹

 敦刻尔克就是那次有名的大撤退。但这和飞机有啥关系呢？

1940 年 5 月 10 日，纳粹德国的军队在侵占了丹麦、挪威，控制了波罗的海沿岸，取得从海上进攻英国的前哨基地之后，对西方发动了闪电进攻。

斯图卡轰炸机生产线

战幕拉开，呈现出一幅残酷惨烈的场面。

5 月 10 日凌晨 4 点左右，德国空军突然轰炸荷兰、比利时、卢森堡三国的机场，空降部队随后迅速夺取了重要桥梁、要塞和战略据点，毫无顾忌地将中立的这三个国家猝然置于不宣而战的战场之中。

当时英国、法国、比利时、荷兰、卢森堡拥有 147 个师、300 多万军队，兵力与德国实力相当。但法国只把希望寄托在他们自认为固若金汤的马其诺防线上，对德国宣而不战。在德法边境上，只有小规模的互射，没有进行大的战役，出现了历史上有名的"奇怪的战争"。然而，德军并没有攻打马其诺防线的打算，德国装甲部队穿过比利时南部多山和多森林的阿登地区，绕过马其诺防线从色当一带进入法国。

盟国空军阻止德军突破的尝试失败了。一批批斯图卡俯冲轰炸机尖啸着反复轰炸。法国的轰炸机队被消灭在地面上，出动的英国轰炸机队损失了一大半。这一天，德国共出动战斗机 814 架次，在色当地区共击落盟军战斗机和轰炸机 89 架。

5 月 15 日荷兰最高统帅部投降。5 月 21 日，德军直趋英吉利海峡，近 40 万英、法、比联军被逼困在法国北部狭小地带那个叫做敦刻尔克的仅有万名居民的小港，这是他们唯一的海上退路。英国战时内阁决定实施紧急撤退行动计划。这项当时历史上最大规模的军事撤退行动代号为"发电机计划"。

奇怪的是，当德国军队从西、南、东三个方向朝敦刻尔克步步紧逼至离港口仅 10 英里的时候，却接到了希特勒亲自下达的停止前进的命令，因为希特勒想要让戈林的空军大摇大摆地取代陆军的攻击角色——好吧，不得不说，这是个脑子积水才能想出的超级无敌的馊主意。

在德军的猛烈袭击中，成千上万条各种各样的船只涌向敦刻尔克——"英格兰所有能漂浮的东西，都去了敦刻尔克。"

德国空军第 3 航空队和第 2 航空队大举出动，对敦刻尔克港区和海滩进行猛烈轰炸。英国空军从本土起飞 200 架次战斗机竭尽全力掩护海滩上的登船点和执行运输任务的船只，给德机以沉重打击，仅德军第 2 航空队就被击落飞机 23 架，空勤

德国 Ju.88 轰炸机

在天上打架

人员死 64 人，伤 7 人，损失超过了之前 10 天的总和。因此这天被德军称为"灾难的一天"。

由于敦刻尔克地区空气湿度非常大，大雾几乎将海滩笼罩，不时还有小雨，加之地面上硝烟弥漫，能见度很低，德国空军的攻击障碍重重。到了 5 月 31 日，大雾依旧笼罩着敦刻尔克，德国空军只好待在地上打扑克。

1940 年 6 月 1 日，天气转晴，德国空军全力出动。英国空军也派出了所有能够派出的飞机。但这天英军打得很艰苦，虽击落 23 架德机，但被击沉了包括 4 艘满载官兵的驱逐舰在内的 31 艘船只，还被重创 11 艘，这是英军损失最惨重的一天。6 月 2 日，鉴于昨日的失利，英军迅速改变策略——为了保存足够的空中力量，英军停止了白天的撤退，利用夜间组织撤退。德国空军失去了攻击目标，不得不转向对巴黎进行大规模空袭，把个烂摊子丢给地面部队，让他们去完成对敦刻尔克的攻击，但是这个时候为时已晚。

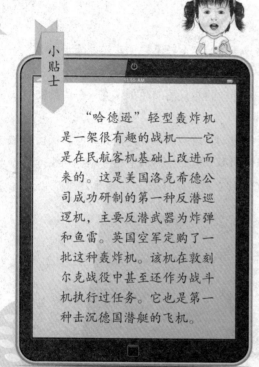

小贴士

"哈德逊"轻型轰炸机是一架很有趣的战机——它是在民航客机基础上改进而来的。这是美国洛克希德公司成功研制的第一种反潜巡逻机，主要反潜武器为炸弹和鱼雷。英国空军定购了一批这种轰炸机。该机在敦刻尔克战役中甚至还作为战斗机执行过任务。它也是第一种击沉德国潜艇的飞机。

6 月 4 日，最后一艘满载着法国士兵的英舰希卡利号驶离敦刻尔克。德军第 18 集团军所属的装甲部队攻入成为废墟的敦刻尔克市区，俘虏了担负后卫的约 4 万法军，"发电机行动"结束。

撤退从 1940 年 5 月 26 日开始，至同年 6 月 4 日结束，共历时 9 天。此次撤军共有约 33.8 万人从敦刻尔克撤到英国。英国、法国、比利时和荷兰同时动用各种舰船 861 艘。在短短 10 天时间之内，把 34 万大军从死亡陷阱中拯救出来，创造了二战史上的一个奇迹。

英国空军为了掩护撤退，总共出动2739架次战斗机进行空中掩护。英军损失飞机106架，英军战斗机和地面高射炮火击落德机约140架。丘吉尔在报告敦刻尔克奇迹时说："战争不是靠撤退来打赢的。但是，在这次救援行动中却也包含着胜利，它是靠空军赢得的……"

伦敦上空的战斗

1935年，英国物理学家沃特森·瓦特，发明了一种既能发射无线电波，又能接收反射波的装置——这就是世界上

早期防空侦听设备

第一台雷达。雷达能在很远的距离探测到飞机的行动轨迹，这让在一战"齐柏林恐慌"中吃到苦头的英国人如获至宝，很快就秘密组建了一支雷达部队。

英国是最早将雷达投入实战的国家。依托雷达这个秘密武器，英国人采取了一系列的防御措施，包括在全国范围里统一调整防空力量，如何加强伦敦地区的防空，成立作战训练部队，建立了多个训练学校培训空勤、

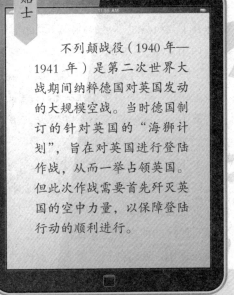

小贴士

不列颠战役（1940年—1941年）是第二次世界大战期间纳粹德国对英国发动的大规模空战。当时德国制订的针对英国的"海狮计划"，旨在对英国进行登陆作战，从而一举占领英国。但此次作战需要首先歼灭英国的空中力量，以保障登陆行动的顺利进行。

在天上打架

英国皇家空军"无畏"式战斗机

地勤人员等等。

至 1940 年 7 月英国共建成雷达站 51 座，其中东南沿海地区有 38 座，形成了严密的雷达警戒体系，分为两个层次，第一层是中高空防空雷达系统，能有效发现飞行高度在 4500 米以下的飞机；第二层是低空防空雷达系统，能有效发现飞行高度在 750 米以下的飞机。这样英军就能通过雷达测出德军飞机来袭的大致方位和时间，指挥己方战斗机在有利方位和时间迎击。使用雷达后，英军战斗机的每次起飞，都是有目的的迎战，极大减少了飞机、燃料和人员体力的消耗，最大限度地弥补了飞机数量不足的缺陷。因此雷达无疑是英军取得胜利的最重要的王牌！

1940 年 8 月 12 日，德军终于按捺不住，派遣轰炸机袭击英国沿岸的雷达站，造成了一定的破坏。8 月 13 日，戈林下令对英国城市利物浦发动轰炸，造成英国大量平民伤亡。英国皇家空军开始对德国进行反击，在 8 月下旬接连轰炸德国首都柏林。德国为了报复皇家空军的夜袭，于 9 月初发动对伦敦的空袭，双方原先遵守不攻击对方城市的默契自此打破。

由于德军的梅塞斯密特 Me.109 战斗机航程过短，飞越英吉利海峡来到英国本土上空之后仅能持续 15 分钟的作战时间就得被迫返航，英国的"喷火"式战斗机航程也很短，可战场就在英国本土，所以整场空战对德军来说是处于劣势的。英国依靠雷达网的侦察快速调配作战力量，往往是德国飞机刚到，大批的英国飞机早就等候在那里，使得战机数量大大占优的德国空军并不能取得局部战场的优势。最终虽然德国击坠了很多英国战斗机，但由于航程问题始终没有获得根本性的解决，战斗机无法有效为轰炸机护航，造成轰炸机损失严重，德国空军只好无奈地草草结束战斗，把目光转向了苏联。

脱颖而出的英国战机

在不列颠空战中，很多英国飞机脱颖而出，表现非常精彩，大大盖过了德国"斯图卡"和"梅塞斯密特"飞机的风采。

"飓风"战斗机是英国于 20 世纪 30 年代设计的战斗机，于 1936 年开始生产，其简单的结构令生产十分容易，维修简便、

英国皇家空军"飓风"战斗机

配置宽阔的起落架和良好的飞行特性令"飓风"战斗机可以在一些环境恶劣的战场上执行任务。"飓风"战斗机上还配备 8 挺使用 7.7 毫米口径子弹的勃朗宁 M1919 机枪。

"飓风"战斗机超凡的回转性能让梅塞斯密特 Me.109 在速度上的优势变得毫无价值。不列颠空战期间，皇家空军取得的战果大都来自"飓风"战斗机在一共击落的 2739 架德国飞机中，由"飓风"战斗机击落的有 1593 架，是英国获得不列颠空战胜利的最大功臣。

此外，在不列颠空战中也有别的

小贴士

"喷火"战斗机是英国在第二次世界大战公认最强的战斗机。这种单发动机战斗机担负英国维持空权的重大责任，转战欧洲、北非与亚洲等战区，供其他盟国使用，战后还到中东地区参与当地的冲突。"喷火"与德国空军梅塞斯密特 Me.109 并列为欧洲战区最重要的两大机种。

在天上打架

英国皇家空军"喷火"战斗机

飞机作为重要的补充，比如"无畏"式战斗机。"无畏"式战斗机在不列颠之战中也有不俗表现。特别是"无畏"式战斗机安装了"动力炮塔"，炮塔中 4 挺 7.62 毫米机枪，从下方或侧方攻击并摧毁敌人轰炸机，不必像从前那样必须先冒着对方强大火力，将机头对准敌机飞行。当然，背着笨重炮塔的"无畏"战斗机，无法和德国灵活的梅塞斯密特 Me.109 战斗机对抗，在空战中损失严重，所以这种战机很快就退出了战场。

值得一提的是英国的"蚊"式轰炸机。这是由德·哈维兰设计制造的。鉴于大战时期，用于制造飞机的材料铝匮乏，故用木材代替铝材，制造出身轻如燕的作战飞机——"蚊"式飞机，这种飞机具备了价廉和节省原材料等优点，成为一种颇具特色的杰出机型。

在整个第二次世界大战中，"蚊"式轰炸机都是英国人的骄傲，更是充满了传奇色彩的一代名机。1943 年 1 月 31 日，当天上午，戈林正准备在柏林的阅兵式上讲演，英国第 105 中队的"蚊"式轰炸机从柏林上空编队飞过，阅兵式不得不取消。改在下午进行的阅兵式又因为英国第 139 中队的"蚊"式轰炸机再次飞临柏林上空而再次取消。这两次虽没有投下一枚炸弹，但却使戈林、戈培尔夸下的"没有任何敌机能在白天飞临柏林上空"的海口变成了笑话。

木制的"蚊"式轰炸机

戈林大为震怒，他在德国空军部的一次讲话中说："我看见'蚊'式后非常羡慕，英国人能够得到比我们多得多的铝材，却发展出了这样一种优雅的木头飞机，连英国的钢琴厂都能大批制造，而且速度如此之快。和他们相比，我们做了些什么呢？没有什么是英国人做不到的，英国人是天才，我们是傻瓜。"

朱利奥·杜黑如是说

 杜黑难倒不该受到谴责吗？他的理论害死了多少无辜的人呀！

早在 1921 年，意大利军事理论家朱利奥·杜黑出版了空军战略名著《制空权》。

虽然杜黑的军衔只是个少将，但他的理论在西方军事界颇有市场。英国、美国、法国、德国、意大利和日本，都出现了一批空军制胜论的信徒。

杜黑在《制空权》中，对空军建设和作战提出了系统的理论，首次明确地提出了"制空权"的概念，并以此为中心，从战略高度论述了有关空军建设和作战使用的许多问题。

朱利奥·杜黑

杜黑在书中强调，空权是施展于空中，能够飞越地面的武力，所以足以使海面与陆面的武力屈服。取得空权就是胜利。而天空因为太辽阔而无法防守，所以唯一的防守方式就是进攻。

杜黑还说，只有通过进攻，消灭敌军的空中武力才能取得空权。但事实上，防空雷达，这个杜黑完全没能预见的侦测仪器，使防守制空权的手段不需过度强调"进攻"，可以让本国的空军留在本土上空防御，而不需冒着被地面炮火和敌人空军的双重威胁，强行到敌方控制区去打击敌人的空中武力。

杜黑还相信，轰炸打击士气的作用是巨大的。他认为，用轰炸摧毁国家的"生命中枢"就会打击民众的意志，摧毁敌人的工业生产能力和人民士气，甚至可以在

在天上打架

地面部队投入战斗之前就决定战争的胜负。陆军在飞机面前是毫无作用的，因为飞机能够越过陆军直接攻击政府、军队与工业，甚至居民。

但是，杜黑过度强调了轰炸机的力量，他甚至不相信轰炸机能够被拦截。这个看法是完全错误的。事实上战斗机才真正是制空权的核心，轰炸机只不过是制空权的有效应用手段，这在不列颠空战中得到了验证。

杜黑痴迷于轰炸的效果，提出了"总体战"的概念。他认为在交战时所有国民都在前线上，而国民会被都市遭遇轰炸吓怕。他还在另一本书中假想过一场德国对法国比利时联军的战争，德国在对方动员陆军前就以大量轰炸将对方城市夷为平地。由于轰炸的效果骇人，杜黑相信一方只要失去制空权就会认输。换句话说，制空权的争夺决定一场战争的胜负。

事实证明，尽管空军可以独立作战，并在现代战争中起着重大作用，但主张单靠空军就可以决定战争结局的理论是错误的。二战德军在敦刻尔克让煮熟的鸭子飞掉就是个很好的例证。即使在今天，轰炸手段极其高明的美国面对没有空中力量可言的阿富汗，事实依然是依靠精锐的地面部队才能达成军事目的。因此，只有各军种、兵种协调一致的行动，才能赢得战争的胜利。

杜黑的理论超出了那个时代人们的见识，但他自己也受认知的限制，所以很多预测都没实现。不过，他提倡的制空权、恐怖轰炸、攻击生命中枢三项指导原则直到今日仍然受到空军的重视。

屠夫哈里斯

在二战中，把杜黑关于"空军战略轰炸制胜论"在实战中发挥得淋漓尽致的，是英国空军元帅哈里斯。

1940 年底，哈里斯由空军副参谋长晋升为空军中将。哈里斯根据"集中火力"的原则，确定了以"集中轰炸"的方式攻击德国工业城市为基础的战术。这种战术的要旨是，皇家空军除保卫本土外，主要还应大规模地使用重型轰炸机攻击德国的工业基础，使德军由于断绝军事物资供应而输掉战争。

但他的这种战术思想在 1939 年就受到实际战况的冲击：白天进攻，遇到敌方战斗机，轰炸机很难生还。于是轰炸航空兵部队被迫在夜间执行任务。这立即遇到了新问题——轰炸机无法准确地在夜间发现工厂、船坞和其他军事设施。

而且，在这段时间内，德国的防空得到加强，造成英国轰炸机部队的损失直线上升。轰炸航空兵部队受命放弃长途空袭。

但哈里斯不想就这样放弃。他的杰作之一，是对德国进行一次"千机大轰炸"。1942年5月30日，哈里斯出动了1046架次轰炸机夜袭科隆，致使全城遭到了毁灭性打击，而英国仅损失40架飞机。6月，英国还先后出动近1000架次飞机对德国的埃森、不来梅海港、福克—武尔夫飞机制造厂进行袭击，由于当时云雾密布，飞机难以准确寻找目标而未达到预定目的。

阿瑟·特拉弗斯·哈里斯（1892—1984），第二次世界大战时期先后担任英国皇家空军副参谋长和轰炸航空兵司令，后成为皇家空军元帅，是"轰炸机制胜论"的倡导者。人称"轰炸机"哈里斯。因主张对平民无差别轰炸被称为"屠夫"

1943年，英国轰炸机装配有特殊的瞄准仪和名为"探险者"的地面目标扫描雷达装置。利用这些新装置，可以大大提高轰炸机轰炸的准确度。1943年3月至7月，英国对斯图加特和亚琛一带尤其是鲁尔地区进行了43次大规模的空袭，史称"鲁尔之战"。

在四个月的轰炸中，鲁尔的大部分地区成为废墟。鲁尔之战的胜利，使得哈里斯更加坚信自己的"轰炸机制胜论"。此后，英国轰炸机部队又在英国空军白天空袭的配合下发起了"汉堡之战"，英国出动了1.7万架次轰炸机，对汉堡及其他一些城市连续发动了33次大轰炸。大量炸弹和燃烧弹落入汉堡市中心，其他城市也遭到了不同程度的破坏。而英国损失飞机却比想象的少。在哈里斯的领导下，轰炸航空兵部队军纪严明。鉴于哈里斯雷厉风行的领导作风，他的部下背地里都称他为"屠夫"，新闻界和公众则称他为"轰炸机"。

从1943年11月到1944年3月底，哈里斯组织的对柏林的35次集中轰炸，尽

在天上打架

兰开斯特轰炸机先投掷 4 磅重发出荧光的"目标指示棒",再投掷 4000 磅高爆炸弹与 30 磅燃烧弹

管给了德国首都以重创,但轰炸机损失严重,仅 3 月 31 日在纽伦堡就损失 396 架飞机。空军部对哈里斯的柏林轰炸并不感兴趣,严厉要求哈里斯遵守抵近轰炸命令。但哈里斯找出一大堆理由,搪塞甚至不理睬。不久,英国轰炸航空兵受命直接支援即将开始的诺曼底登陆,柏林轰炸战就此结束。

1932 年,曾任英国首相的斯坦利·鲍德温发表著名的预言:"轰炸总是有效的,你想自保的话,就要比敌人更快地杀死更多的妇女和儿童。"哈里斯认为"炸死工人比炸工厂更容易且更有效"。1943 年 7 月 28 日,盟军派 700 多架轰炸机飞到德国的汉堡,丢下 2300 多吨燃烧弹和炸弹,把这座工业城市变成一片火海,被烧死的 40000 名市民中,有 21000 名妇女,还有 8000 多名儿童。经过大轰炸后,100 万失去家园的市民逃离汉堡。

到 1945 年,英国皇家空军轰炸航空兵共有 100 个重型轰炸机中队和中型轰炸机中队。1945 年 5 月,欧洲的战争宣告结束,德国大部分工业城市成为废墟。只是在战争的最后阶段，德军才失去战略物资的供应，这当然是哈里斯轰炸的一大功绩。但是，"轰炸机制胜论"终于没有成为现实。

在持续了 5 年半的对德空袭中，英国皇家空军总计在大约 40 万架次的空袭中投下了 130 万吨炸弹，为此付出了超过 10000 架轰炸机和超过 70000 名机组人员的代价。美国小说家约瑟夫·海勒于 1961 年出版的小说《第二十一条军规》，讲述的就是这段历史。

中国天空的战场

插问 抗日战争期间，中国空军空袭过日本本土吗？

1937 年 8 月 13 日，"淞沪战役"开始。次日，中国空军投入战斗，开始了自抗战以来中日两国空中力量的首次交锋。

在抗战刚刚开始之时，中国方面能作战的飞机仅 305 架，而日本陆军航空兵力为 140 个中队，海军常备基地航空兵力为 65 个飞行队，陆海军共有飞机约 2700 架。抗日战争初期，中国空军的主力战斗机如美制的霍克，苏制的伊 -15、伊 -16 的性能都不低于日军，

霍克 -3 型战斗机

直到日本的"零式"战机服役后，日军才取得中国战场的绝对制空权。

1937 年 8 月 14 日，中国空军出动轰炸机对长江内的日本军舰以及位于上海的多处日本军事目标进行了轰炸，击沉日本驱逐舰一艘，还造成日军人员和物资的重大损失。中午时分，日军派出战机对中国进行报复性轰炸，在杭州湾上空遭遇中国空军的拦截，双方在杭州湾上空进行了一场激烈空战。中国空军第四大队队长高志航首开击落敌机的记录后，中国空军一举击落 6 架日本侵略军的战机，以 6∶0 的战绩，取得"8·14 大捷"——八月十四日从此也成为国民党空军的空军节。

在天上打架

在接下来的日子里，中国空军和日军在上海、武汉、南京、杭州的上空，展开了一场场惊心动魄的战斗。处于劣势的中国空军凭借自身的勇敢，予敌以重创。在"8·14空战"之后的三个多月中，日军损失飞机230架，飞行员被击毙327人。但是，中国空军同样也损失惨重，至当年12月，南京陷落时，中国空军力量几乎损失殆尽。更为严重的是，中国本来就为数不多的飞行人员多数阵亡，一批空中名将相继陨落。被称为中国空军"四大天王"之首的高志航，一人击落敌机多架，被日军称为"中国空军最有价值的飞行员、指挥员"。1937年11月12日，他在河南周口机场转场途中遭日机偷袭扫射，中弹殉国。开战不到半年，中国空军"四大天王"中的另外三位，刘粹刚、乐以琴、李桂丹也悉数阵亡。

就在中国空军陷入绝境之时，苏联志愿航空队于1937年12月来华，与此同时，一批苏制战机也运到中国，中国空军绝处逢生。

1938年，中国军队在陆地战场每况愈下，空战亦打得相当惨烈，侵华日军的战机数量越来越多，而中国战机却越打越少。即便如此，中国空军还是集中有限力量对日军台北、武汉、上海等航空基地进行轰炸。

1938年2月18日，中国空军在武汉空战中击落日机12架；1938年4月29日，日本天皇的生日（天长节），我国空军痛击来袭击的侵华日军的飞机，击落日机20余架，取得"武汉大捷"。

1938年5月19日，在队长徐焕升、副队长佟彦博的率领下，中国空军"马丁"B-10型轰炸机双机编队，远征日本本土，投下100多万份传单，对日本侵略者发出了严正警告："尔再不训，则百万传单将一变而为千吨炸弹。尔再戒之。"这是日本有史以来第一次被外国飞机轰炸袭击，也是世界航空作战史上绝无仅有的"纸片轰炸"。可以说，在二战中，在日本本土实施战略轰炸先河的是中国空军。

徐焕升等东征日本前合影

1939年到1941年期间，中国空军迎

来了最为艰难的三年。这期间，中国空军几乎无力再进行大规模作战。同时，日本新式战机——"零式"战机投入使用，中国的落后机型面对这种战机时几乎没有还手之力。1941年3月，中国空军第五大队34架飞机迎战日本12架零式战机，结果被击落13架，击伤11架，而日机则仅有少量损失。第五大队因此被撤销番号，改名为"无名大队"，队员胸前要佩戴"耻"字胸章。至1941年夏，中国空军仅存65架飞机。此时，苏联志愿航空队也奉命撤回，中国空军再一次面临山穷水尽的地步。

日军利用空中优势，在重庆、昆明等中国后

小贴士

陈纳德1893年9月6日出生于美国德克萨斯州。中日战争全面爆发，陈纳德接受宋美龄的建议，在昆明市郊组建航校，以美军标准训练中国空军。1941年，陈纳德在罗斯福政府的暗中支持下，以私人机构名义，重金招募美军飞行员和机械师。7月和10月，200多人分两批来华。"中国空军美国志愿援华航空队"插翅飞虎队徽和鲨鱼头形战机闻名天下，其"飞虎队"的绰号也家喻户晓。

方军政要地进行狂轰滥炸。因为日军的空袭，中国军民死伤惨重。特别是日军对重庆的无差别轰炸，历时数年，期间发生了因躲避空袭而造成上万人窒息死亡的"重庆大隧道惨案"。

1941年7月冬，美国空军教官陈纳德，率领自己招募组建的"中国空军美国志愿援华航空队"来中国参加抗日，这只航空志愿队被称之为"飞虎队"。开战第一天，已经许久未见中国战机的日本飞机遭到重创。1942年3

陈纳德

在天上打架

月初，由于整个东南亚战局的变化，仰光陷落，日军趁势向缅北挺进，5月初攻入中国边境，沿着怒江西岸向中国腹地奔来，云南告急。"飞虎队"一面在空中拦截来袭的敌机，一面还配合中国守军实施地面攻击。在5月7日至12日的一周内，"飞虎队"在怒江西岸大显身手。当时日军的一支庞大地面部队在怒江以西30千米长的公路线上准备渡江。"飞虎队"在中国空军的配合下，对在公路线上的日军进行猛烈轰炸和俯冲扫射，炸毁浮桥和全部架桥设备，沉重打击了簇拥在公路上的坦克、摩托车队、卡车和日军步兵，迫使日军不敢渡江，沿着滇缅公路向中国边境撤退。

穿越驼峰航线

1943年，志愿航空队改为第十四航空队。罗斯福总统决定将"飞虎队"并入美国现役空军，除了协助组建中国空军，对日作战外，还协助飞越喜马拉雅山，从印度接运战略物资到中国，开创了著名的"驼峰航线"。航线从印度阿萨姆邦汀江，经缅甸到中国昆明、重庆。运输机飞越青藏高原、云贵高原的山峰时，因达不到必需高度，只能在峡谷中穿行，飞行路线起伏，犹如驼峰，驼峰航线由此得名。在这条航线上，中美双方3年多共向中国战场运送了80万吨急需物资，人员33477人。航空队共损失563架飞机，牺牲1500多人。第十四航空队还有力地配合了中国军队的战斗，至抗日战争结束，第十四航空队共击落敌机2600架，击沉或重创223万吨敌商船、44艘军舰、13000艘100吨以下的内河船只，击毙日军官兵66700名。

1942年，也是中国空军的转折点。随着新一批空军培训完毕，同时接受了大批美式轰炸机和歼击机，中国空军联合"飞虎队"与日军展开空中激战，并且逐步取得制空权。1944年，中国空军完全取得了中国战场的制空权，日本侵略军的飞机再也不敢在中国上空肆意飞行了。

飞虎队"地狱的天使"中队与日军作战

1945 年 8 月 14 日，中国空军第五大队飞行员沈昌德从湖南芷江机场起飞，完成了中国空军在抗战中的最后一次作战任务。次日，日本宣布无条件投降。

根据统计，抗战 8 年中，中国空军共击落击毁敌机 1226 架、击伤炸伤敌机 230 架、炸毁炸伤敌军坦克 8546 辆，自己损失各种飞机 2468 架，有 6164 人殉国。

苏德战场的制空权

苏联二战前夕的主力战斗机是伊 -15 和伊 -16。伊 -15 是苏联最后一代双翼战斗机。伊 -16 战斗机是苏联第一种悬臂式单翼飞机，有个叫"老鼠"的诨名，二战之初苏日诺门罕战役中，有很好的战果。

苏德战争初期，伊 -15 和伊 -16 是苏军的主力战斗机，在美国援助的战机到达前，被充当攻击机使用。面对德军针对新时代空战战术研制的 Bf 109 型和 Fw 190 型两种战机，伊 -15 和伊 -16 完全不敌。

伊 -15 和伊 -16，被苏联政府援助到中国的国民政府，参加了中国的抗日战争。日本的"零式"战斗机出现后，援助中国的伊 -15 和伊 -16 不敌"零式"战斗机，

在天上打架

损失殆尽。

1941 年 6 月 22 日，德国对苏联发动突然袭击。在开战初期，毫无防备的苏联空军遭到重创。德国空军轻易夺取了制空权，为其地面部队的进攻创造了有利条件。德国陆军在短时间内长驱直入苏联领土。之后，在苏德战场上又爆发了多次围绕制空权的激烈战斗，其规模之大，

你慌什么？他没带武器上天。

飞那么高，掉副眼镜下来也能砸死人啊！

持续时间之长，是整个空战历史上从未有过的。而制空权对整个战局的影响，也使得"制空权"这个概念真正从纸面走向了前台。

在战争打响之前，德国首先由空军组织了两个远程侦察机中队的伪装民航飞机 (Ju.86P 高空侦察机) 对苏联国土进行纵深侦察。苏联当时虽已发现有不明飞机频繁临空，但由于这些飞机飞得很高，苏联飞机无法截击，加上普遍的麻痹心理，未引起重视。在详尽的空中侦察之后，德军锁定了第一攻击波的突击目标：31 个前线机场、3 个

伊 -16 战斗机

被怀疑为高级参谋部的机构、两个兵营、两个炮兵阵地、1 处筑垒地域、1 个油料库及塞瓦斯托波尔港。

德国空军在进攻苏联前，已损失了 5500 架飞机。为了弥补损失，德国迅速扩大了原有飞机厂的生产，并建立了一批新的飞机制造厂，通过大量投入人力物力制造飞机和修理战损飞机，到 1941 年 5 月 29 日，德国预定用于进攻苏联的作战飞机已达 4000 多架，战役兵团和军团航空兵已达 306 个战斗中队，其中有 127 个轰炸机中队、89 个战斗机中队。德军的主战机型为了入侵，Ju.87、Ju.88、He.111、Do.17 等型号的高空轰炸机都换装了大功率发动机。

P-39 "空中飞蛇" 是二战中美国作为援助物资提供给苏联空军使用的一款战机，苏联飞行员十分喜爱这种飞机

1941 年 6 月 22 日凌晨 3 时 15 分，德国空军按计划从挪威的北角到南部的黑海的漫长战线上，分 4 路向苏联发动突然袭击。得益于前期详尽的侦察，加上苏军完全没有准备，德国空军猝不及防地袭击效果好得惊人。单是被定为主要攻击目标的苏军机场，就有大量苏联战机毫无隐蔽地排列在跑道上，极其轻易地就被炸毁。

德国空军还利用俯冲轰炸机向停放在机场上的飞机实施轰炸，战斗机和强击机进行低空攻击，水平轰炸机负责突袭后方机场。这些战斗在第一轮攻击时没有遭到任何抵抗，直到出击返航的飞机重新装上炸弹再次出击时，才零星地遭到苏军战斗机截击。

至 7 月 11 日，苏军共被击毁 6293 架战机。但由于苏联被击毁在地面的飞机较多，所以反倒并未牺牲太多飞行员，大量失去战机的机组人员撤到后方重新组建了新的航空兵部队，并很快夺回了失去的天空。

在天上打架

雅克－1型战斗机是前苏联二战初期主要的战斗机，在库班空战中表现出色。后来被改良成雅克－3型和雅克－9型

在德国空军不知不觉间已累计失去了15000余架飞机时，在莫斯科会战中，苏联空军已经开始逆转局势，首次获得局部战役的制空权。再经过以库班空战为代表的多次大型作战之后，德国空军的几个最大的空军集群被摧毁，苏军从夺取战役制空权到完全控制战略制空权，并将战略制空权一直保持到战争结束。

库班空战是第二次世界大战苏德战场上一次大规模的空中战役，德国空军在会战中严重受挫，从而丧失了苏德战场南翼的制空权。此战不但是苏德战场制空权易手的一个关键点，同时还充分暴露了杜黑制空权理论的片面性，苏联歼击机部队的辉煌战绩雄辩地说明——空中交战是夺取制空权的最重要的手段。

1943年2月5日夜，苏军陆战队发起前期攻势，抢占了一块宽4千米、纵深2.5千米的登陆场。德军2.7万人在大批飞机的支援下，对取名"小地"的苏军登陆场发起了疯狂进攻。库班战役的第一轮大角逐同时在陆地、海面和空中爆发，其中尤以空战最为激烈。

德国空军第四航空队在这小小的空间中投入作战飞机近千架，距前线仅50~100千米。苏军空军第四集团军最初出动了300架飞机

在库班空战中坠毁的德国飞机

阻击敌军的空地攻势，打得十分顽强。但由于力量占劣势，其基地又是在150~200千米以外的克拉斯诺达尔，因此一度陷入被动。苏军指挥部果断从大本营大规模增兵库班，使苏军的飞机数量增加到900多架。

德军对"小地"展开了更凶猛的进攻，苏军航空兵大批投入到防御战斗中，一天之内对敌步兵和炮兵战斗队形进行了两次密集队形突击，炸得德军人仰马翻、狼狈败走。在第一轮3天的激战中，德军共损失飞机182架，德国空军被迫转入防御作战。

第一轮激战后，仅仅平静了5天，库班爆发了更激烈的战斗，苏联红军对"蓝色防线"发起了猛攻。苏德空军开展了第三轮空中角逐。苏联军队第四集团军在进攻发起前，出动了338架飞机，配合炮兵进行了40分钟的密集火力准备。德军急忙从战场外围调入了大批飞机，使第四航空队的飞机出动数猛增。在苏军进攻的头3个小时，德军航空兵出动了1500架次，从空中阻击苏联红军的攻势。

为夺回制空权，打击德军的嚣张气焰，苏联空军及时调整战术，将歼击机防区扩大，在战区边缘截击敌轰炸机，同时采取了"游猎"战术，机动灵活地打击德机。由于歼击机大批用于争夺制空权和拦截敌轰炸机，苏联自己的轰炸机和强击机无法得到有效的护航。他们采取大编队自我保护的方法，坚持出动，突击德军地面反击部队。这次空战，是库班三次空战中最激烈的一次，11天中，苏联红军歼击机出动了5610架次，空战364次，击落德机315架，有效地遏制了德军的反攻势头，重新成为库班上空的主人。

拉-5型战斗机，是苏联在第二次世界大战中后期的主力战斗机之一，被认为是苏联当时综合表现最优秀的战斗机

德军在库班空中交战中损失飞机1100余架，其中800余架是在空中战斗时被击落的。库班空中交战的结果是苏军航空兵从德军手中夺取了主动权，这就为夺取整个苏德战场的战略制空权奠定了基础。

虎! 虎! 虎

 电影《偷袭珍珠港》讲的就是这段历史吗?

战斗机的技术发展、空军战术的成熟,使得空军这一高速、高效、远程作战兵种在战争中的影响力越来越大。当陆军还能依赖坚固的碉堡工事、复杂的地形、精准的设施人员控制等与空军对抗时,茫茫的大海已经被空中力量彻底征服。

在日本偷袭珍珠港事件中,海军航空兵的表现使其站在了海战大舞台上,成为海战的主角,直到今日依旧是军事强国对外最主要的威慑力量之一。

早在第一次世界大战前,英国、美国、法国、日本、俄国等国都开始发展水上飞机,并开始建立海军航空兵。海军航空兵在一次大战中主要执行海上侦察和为舰艇指示目标等任务。为扩大飞机的活动范围,一些国家将大型舰船改建,搭载水上飞机——这就是航空母舰的前身。

一次大战后,英、美、日、俄等国有了第一批航空母舰。当时并没有多少人意识到这个海上的庞然大物,将彻底改变海战的命运。但随着海军航空兵在争夺海上制空权、制海权

小贴士

珍珠港事件,或称偷袭珍珠港,美国称其为"夏威夷作战",是日本帝国海军于 1941 年 12 月 7 日(美国时间)对美国太平洋珍珠港海军基地的一次奇袭作战。

在这次作战中,日本海军派出了 6 艘航空母舰,300 多架飞机的兵力,并分为两波进行攻击。由于美军在毫无预警的情况下受到猛烈攻击,日军取得重大成果,击沉与重创 8 艘战列舰、3 艘巡洋舰和 3 艘驱逐舰、188 架飞机被摧毁。造成 2402 人阵亡和 1282 人受伤。

上的惊艳表现，各国海军"巨舰大炮制胜"的海战传统观念遭到颠覆，从此海战的样式发生了根本性的变化——有了航母之后，海洋的统治权逐渐转移到了航空兵的手中。

海军航空兵更多地用于争夺制空权、反舰、反潜、两栖支援等，在袭击塔兰托、袭击珍珠港、珊瑚海海战、中途岛海战等重要战役中，海军航空兵都起了决定性的作用。

1982 年英国与阿根廷的马尔维纳斯群岛战争，更加显示出海军航空兵在现代海战中的重要作用。

咱们回到这场改变海军航空兵战场地位的珍珠岛战役中来。同德国闪电战中负责空战的梅塞斯密特搭配负责对地攻击的斯图卡的配置一样，在珍珠港这场突如其来的打击中，日本出动的两款舰载飞机也有这样的分工，其中主要负责空战的就是著名的"零式"战斗机。

"零式"战斗机是日本海军航空兵二战期间最著名的飞机，也是二战日本飞机的招牌型号，不光在偷袭珍珠港时战功卓越，事实上，这款飞机在整个太平洋战争中，自始至终都是战斗的主力。这款飞机在第二次世界大战期间，是日本海军从 1940 年到 1945 年的主力舰载战斗机，从中国战场一直使用到第二次世界大战结束，整个太平洋战区都可以见到它的

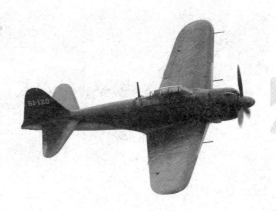

"零式"战斗机

踪影，堪称日本海军在二战时最知名的战斗机。

在太平洋战争初期，"零式"战斗机对盟军飞行部队制造了空前的灾难，给予了盟军最大的震撼，战争初期日军仅有 300 架"零式"战斗机，其中 250 架投入了太平洋战场，就凭借这区区 250 架"零式"战斗机，日军在开战后的几个月里把盟

在天上打架

军在太平洋地区的战斗机部队消灭了三分之二。

当时盟军飞行员驾机起飞迎击"零式"战斗机时，无论飞行员还是指挥官都明白，战机飞出去以后八成是回不来了。当时，"零式"战斗机以爬升率高、转弯半径小、速度快、航程远等特点压倒美军战斗机。直到美军使用新型战斗机并在一次战斗中捕获日军一架"零式"战斗机，研究出了"零式"战斗机的弱点后，"零式"战斗机的优势瞬间消失。到了战争后期，"零式"战斗机沦落为只能作为"神风突击队"自杀爆炸攻击的主要机种了。

出现在珍珠港上空的另一款日本战斗机则是臭名昭著的"九七式"舰载攻击机。"九七式"舰载攻击机通常简称为"七舰攻"，是日本帝国海军于1930年后开发的舰载攻击机。"九七式"舰载攻击机曾在中国战场进行对地支援任务，在中国大地犯下了累累罪行。它改良后的首场实战便是那次臭名昭著的偷袭珍珠港作战。此场战役中日军航空母舰共计派出了143架"九七式"舰载攻击机。

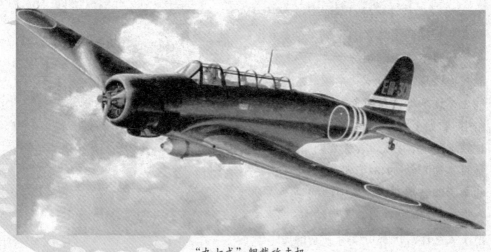

"九七式"舰载攻击机

在太平洋战争中，中途岛海战于1942年6月4日爆发，这是第二次世界大战太平洋战场上的一场重要战役。美国海军不仅在此战役中成功地击退了日本海军对中途环礁的攻击，还把整个太平洋战区的主动权囊括在了手里。中途岛海战是太平洋战区的转折点。在整个中途岛战役中美军只损失 1 艘航空母舰、1 艘驱逐舰和 147 架飞机，阵亡 307 人；而日本却损失了 4 艘大型航空母舰、1 艘巡洋舰、332 架飞机，还有几百名经验丰富的飞行员和 3700 名舰员。日本海军从此走向了失败。

这场海上大胜战的主角，是飞翔在空中的美国的 F4F"野猫"战斗机。

F4F"野猫"战斗机是美国海军与海军陆战队在第二次世界大战爆发之际最主要的舰载战斗机，也是遏制"零式"战机神话与稳定美国在太平洋地区制空权的重要角色。

F4F"野猫"第一次的崭露头角是在 12 月 8 日日本攻击威克岛的行动当中，担任防卫的海军陆战队 VMF-211 中队在蒙受重大打击与面对高性能"零式"战斗机的威胁下，不仅击落了日本企图轰炸威克岛的轰炸机，还将日军"如月号"驱逐舰击沉，迫使日军终止攻击并撤退。

由于同期服役的另一款 F2A"水牛"战斗机被证明完全无法对抗日军战机，

F4F"野猫"战斗机

F4F"野猫"战斗机成为了 1942 年到 1943 年初美国海军最主要的空战力量。

F4F"野猫"战斗机与同时期的对手日本海军"零式"战斗机相比，在回转半径、低速性能上依然劣于"零式"战斗机，难以在缠斗中与之抗衡；但 F4F"野猫"战斗机也有着结构强韧、火力强大、俯冲性能较佳等优势。随着战斗经验的增加，美军开发出适用于 F4F 的标准战术——避免格斗，尽量进行一击脱离式的俯冲攻击，飞行员组成相互支援的双机编队，与"零式"战斗机形成势均力敌之势。

F4F"野猫"在大战中最有名的空战纪录，发生于 1942 年 2 月 20 日。当时美国海军派出"企业号"与"约克镇号"航母攻击马绍尔与吉伯特群岛，同时以"列克辛顿号"航母攻击拉布尔的日军基地。"列克辛顿号"航母麾下的 VF-3 中队的欧海尔上尉，在 5 分钟之内用他驾驶的 F4F"野猫"击落 5 架日本"零式"战斗机，让他在该次空战中成为王牌飞行员，并获得美国军人最高荣誉的国会荣誉勋章。

在二战时期美军使用的飞机中，一款战斗机以其强悍的性能和惊人的战绩夺去了其他战机的威风，这就是一代名机 F6F "地狱猫"。

F6F "地狱猫" 战斗机

F6F "地狱猫" 战斗机由美国格鲁曼公司于 1942 年制造，于 1943 年进驻美国海军服役，凭借其优秀的性能成为了美军的主力战机，并取得了辉煌的战果，共击落了 5171 架敌机，这还不包含服役于英国皇家空军所击落的 52 架。

"地狱猫" 是整个二战时期美国的标准舰载机，甚至在战后仍为美军使用直到 1954 年。这款优秀的战机，除了拥有由 6 挺勃朗宁 M2 机枪和 6 枚 5 英寸的对地攻击火箭构成的强大火力之外，最主要的特点是使用了液压起落架。这种起落架增加

P-38 "闪电" 战斗机

了飞机的灵活性，并能呈 90 度直角，内折入机翼之内，从而在空中可以拥有更为流畅的气动外形，获得更好的气动性能，在飞行速度、机动性能、续航距离上都有优势。

此外，外号"双身恶魔"的 P-38 "闪电"战斗机也很有名。就是该款战机，把日本海军大将山本五十六送去见了阎王。

在二战美军战斗机序列中，值得大书特书的是美国的 P-51 "野马"战斗机。在欧洲战场，英国空军利用 P-51 "野马"战斗机实施"零高度攻击"（在 10 米高度以下飞机高度表指示为零），打击德军地面部队和运输线。1944 年 3 月在著名的柏林大空袭中，P-51 战斗机击落德机 41 架。6 月，大批 P-51 "野马"战斗机参加了支援诺曼底登陆作战。1944 下半年，P-51 "野马"已牢牢控制了西欧大陆的制空权。

1943 年秋，P-51 "野马"战斗机在远东和太平洋战场上参战。在抗日战争最后两年中，中美飞行队的 P-51 "野马"战斗机以广西、湖南西南部地区为依托，发挥其作战半径大的优势，不断深入到湘北、鄂、粤及沪宁一带日军占领区，袭击日军的机场、运输船队。在 P-51 "野马"等飞机的冲击下，日军彻底失去在中国的制空权。1945 年春，P-51 "野马"战斗机参与对日本本土进行大规模空袭，立下了大功。

P-51 "野马"战斗机

1945 年 8 月，日本宣布无条件投降，中美混合团第 5 大队的 6 架 P-51 "野马"战斗机将 1 架日本百式运输机押解到湖南芷江机场。日本副总参谋长今井武夫在这里正式向中国军政当局投降。

在天上打架

P-51"野马"战斗机与"芷江受降"一道载入了中国抗日战争史册。

在第二次世界大战中，P-51"野马"战斗机立下了显赫的战功。据不完全统计，仅在欧洲战场上，P-51"野马"战斗机就出动 13873 架次，投弹 5668 吨，击落敌机 4950 架，击毁地面敌机 4131 架，被誉为"歼击机之王"。

李梅火攻和原子弹

 日本是世界上唯一遭到原子弹攻击的国家吗？

在 1945 年，乘着中途岛大胜的东风，美国陆军航空队开始对日本首都进行一系列大规模轰炸，史称东京大轰炸（也特指 1945 年 3 月 10 日、5 月 25 日的两次轰炸）。因负责轰炸任务的第 21 轰炸机部队司令名为柯蒂斯·李梅，故日本称这一空袭为"李梅火攻"。

这次著名的"火攻"主要的执行者是 B-29"超级空中堡垒"的新型轰炸机。早在 1941 年的珍珠港事件后，美国就曾派出 16 架 B-25 轰炸机袭击日本的东京、横滨、名古屋和神户的油库、工厂和军事设施。但这次攻击主要是象征性的任务，而且 B-25 的作战效率也不足以让美国军方组织对日本本土的战略轰炸。

当美国成功研制出 B-29"超级空中堡垒"轰炸机后，美军便拥有了对日本战略轰炸的能力。

美军首轮使用

B-29"超级空中堡垒"轰炸机

B-29"超级空中堡垒"轰炸机的袭击是在1944年6月15日。深夜，47架从中国成都飞来的B-29"超级空中堡垒"轰炸机轰炸了位于日本九州岛的八幡钢铁厂。但这次攻击并没有造成太大的破坏：总共起飞了68架飞机，只有47架到达目标，且大多只轰炸了次要的目标。但这次轰炸向日本宣告：美军对日战略轰炸开始了！曾经在太平洋上骄横不可一世的日本军国主义根本没想到，战火这么快就烧到了日本本土。

当时美军并未攻占马里亚纳群岛、硫磺岛等军事基地，从中国出发的飞机因为距离太

小贴士

B-29"超级空中堡垒"轰炸机，是美国陆军航空兵于第二次世界大战以及朝鲜战争等亚洲战场的主力战略轰炸机，其命名延续先前有名的B-17"飞行堡垒"。

B-29是第二次世界大战时各国空军中最大型的飞机，集当时各种新科技的最先进的武器之一。是第二次世界大战末期美军对日本城市进行焦土空袭的主力。向日本广岛及长崎投掷原子弹的任务亦是由B-29完成。B-29在日本因此有"地狱火鸟"之称。

美国P-61"黑寡妇"战斗机是一种夜间战斗机

远，只能减少载弹量。直到美军攻占了马里亚纳群岛的塞班岛，一切都不一样了。1944年10月美军轰炸机进驻塞班岛，接下来，日本人该好好享受一下燃烧弹的滋味了！

美军在欧洲对德国的战略轰炸曾使用日间精确轰炸战术，但日本的工业与德国

在天上打架

杜利特将军，他曾亲率 B-25 中型轰炸机从航空母舰上起飞轰炸了日本东京

完全不同。日本的工业主要是先由散布在居民区的小作坊生产零部件和预制件，再送到大工厂进行组装。昼间高空精确轰炸，根本无法摧毁星罗棋布的小作坊，无法有效地打击日本军事工业。而且，日本的天气是晚上风大，强风横扫下日本的雷达无法正常工作。于是美军决定在夜间进行地毯式轰炸。轰炸机编队在 P-61 "黑寡妇"战斗机的护航下，飞抵日本的大城市，然后降低高度到 1500~2000 米实施轰炸。

1945 年 1 月，柯蒂斯·李梅少将被任命为第 21 轰炸机部队司令。他重新评估了之前对日本轰炸的效果，认为使用燃烧弹会更加给力，而且直接轰炸日本的首都，对日本的战争士气打击也更大。于是，美军在 1945 年 2 月 23 日，对东京进行了一次使用大规模燃烧弹的轰炸。当晚，174 架 B-29 轰炸机抛下大量凝固汽油弹，把东京约 2.56 平方千米的地方焚毁。

但是，柯蒂斯·李梅觉得轰炸效果不能令人满意。他决定在下次的轰炸中，拆除执行任务的 B-29 轰炸机上面所有的枪炮炮塔，减轻 B-29 轰炸机的重量，携带更多的燃烧弹，用大火破坏散布在居民区的生产零部件和预制件的小作坊，以此震撼日本人，达到彻底瘫痪日本军事工业的目的。

1945 年 3 月 9 日，美军派出 334 架 B-29 轰炸机

柯蒂斯·李梅

被轰炸的东京

从马里亚纳群岛出发，每架飞机携带 6~8 吨凝固汽油弹，首先由两架导航机到达东京上空，在预定目标区下町地区投下照明弹，接着投下燃烧弹，为后续飞机指示目标。随后大批轰炸机以单机间隔依次进入轰炸区域，投掷燃烧弹。这次对东京的轰炸持续了 2 小时，334 架 B-29 轰炸机共投下了超过 2000 吨燃烧弹，每吨燃烧弹的燃烧面积可以达到 6500 平方米。东京约有四分之一被夷为平地，其中 18% 是工业区，63% 是商业区，其余是住宅区。计划中的 22 个工业目标全部摧毁，20.7 万多幢建筑付之一炬。

3 月 9 日的轰炸可能是人类历史上最具破坏性的非核武空袭，这比第二次世界大战中任何一次军事行动造成的伤亡都多。

其后美军在 5 月 26 日再一次派出 470 架飞机轰炸东京，造成 7415 人死伤，22 万间房屋被焚毁。连续的轰炸，东京有一半的建筑物被摧毁。

日本人被美国的战略轰炸炸了个七荤八素，而且他们的"零式"战斗机这会儿已经完全被美军新型飞机压制，毫无还手之力。被炸傻了的日本人竟然荒唐地研制

在天上打架

出了一种纸气球，打算用这种气球携带十千克的小炸弹，利用太平洋上自西向东的气流，漂洋过海，也去对美国本土进行报复性轰炸。这种气球直径十米，内中充满氢气。日本以"保卫神圣皇国"为口号，动员了很多人来加工制造这种纸气球。但最终没有一枚炸弹落在美国本土上。

自1944年6月至1945年8月，美国空军（含有一小部分中国空军）共出动飞机16500多架次轰炸日本本土，投掷炸弹、燃烧弹约70000吨。日本飞机对中国城镇和重庆的侵略轰炸是惨无人道的，然而日本本土遭到美、中空军的报复轰炸更加悲惨。日本方面做过统计，以重庆和东京为例，日本飞机每向重庆丢一颗炸弹，那么后来东京遭到的报复轰炸，则为23颗炸弹。

在1943年后，美军在太平洋战场上损失惨重，硫磺岛战役和冲绳岛战役使得美军伤亡巨大。经过这几场战争的伤亡比率推算，美军需要牺牲掉100万陆战队员的生命才能夺下日本本土，所以在得知原子弹试验成功后，军方极力要求对日本人使用这种新式武器。许多科学家却反对美国使用原子弹，就连"原子弹之父"奥本海默也认为日本的失败已是必然，没有必要使用原子弹。一些物理学家也联名致信要求美国不要使用原子弹。

1945年7月30日，美英苏三国在波茨坦向日本发出最后通牒。日本于同日拒绝接受波茨坦公告。于是杜鲁门向军方下达命令："去投掷那颗大炸弹吧，现在没有任何选择的余地了。"美国投向广岛和长崎的两颗原子弹都是从提尼安岛装载起飞的。现在岛上还留有当时安放原子弹的铁架等遗迹。

投向广岛的"小男孩"

1945年8月6日早上8点15分，艾诺拉·盖号在广岛上空投下人类历史上第一枚用于战争的原子弹——"小男孩"原子弹。

约7万人直接死于"小男孩"爆炸，大约同等数量的人受伤。

的

"小男孩"攻击之后的广岛

"胖子"是人类历史上对人类第二次使用的核武器，亦是至今为止最后一次对人类使用的核武器

随后再有大量的人死于核子尘埃放射引起的癌症。怀孕的母亲亦因为放射而出现流产，部分初生婴儿畸形发育。据统计，截止到 1999 年，死于"小男孩"原子弹的直接袭击及核辐射伤害的人数总计已超过 20 万。

1945 年 8 月 9 日，B-29 轰炸机大货柜在长崎上空投下"胖子"原子弹，长崎市近 4 万人直接死亡，总计 14 万人员死伤。

在天上打架

由于长崎地势多山，造成的损害比平坦的广岛要低。约 4 万人直接死于"胖子"的爆炸，约 25000 人受伤，约 7000 平方米建筑物被夷为平地。之后数万人死于核子尘埃放射引起的癌症。"胖子"原本的首要攻击目标是日本另一个叫做小仓的城市。当飞机飞到小仓上空时，发现当地被云层覆盖，于是临时决定改为攻击后备目标长崎。

1945 年 8 月 15 日日本标准时间中午 12 点，裕仁天皇被迫宣布日本投降，第二次世界大战结束。

王牌飞行员们

M.T.St.J. 帕特尔，英国王牌飞行员

"王牌"这个词最初由法国人在一战中创造，指空战中击落五架或更多飞机的飞行员。这里就来说说二战中王牌飞行员的那些事。

先从不列颠之战说起。在不列颠之战中诞生的第一名英雄叫做科林·福克兰·格雷。他是英国皇家空军一名"喷火"式战斗机飞行员。他在 1940 年 5 月至 9 月间共击落了 16.5 架德国飞机。后来他又转战至突尼斯和西西里，到 1943 年 7 月 25 日，他总计击落的战机达到 27 架。有趣的是，他并不是英国人，而是一名在在英国空军服役的新西兰人。另一位英国皇家空军的帕特尔击落 40 架飞机成为英国皇家空军第一王牌。另外，传奇式飞行员道格拉斯·巴德在战前的一次事故中失去双腿，但这并不妨碍他击落 24 架德国飞机。皇家空军最成功的夜间飞行员是布兰斯 A. 伯布里奇，他击落的 21 架飞机中有 20 架是在夜间击落的。

在中国战场最初的几个月里，陈纳德中校领导的飞虎队在 1941 年圣诞节产生出两个王牌，奥尔德击落日本陆军 5 架飞机，黑德曼击落 4 架轰炸机和 1 架战斗机。到 1942 年 7 月 4 日飞虎队解散时，奥尔德已经击落 10 架飞机。后来他作为美国陆航第 23 战斗机大队的副指挥官返回中国继续作战。他的总战绩是击落 18 架日本战机。另一名飞虎队员大卫·希尔在飞虎队解散前击落了 12.75 架飞机，后来他在第 23 战斗机大队时又击落了 6 架。

麦克康奈尔，美国二战王牌飞行员，后在朝鲜战场被中国志愿军飞行员蒋道平击落

在太平洋战场，美国 1942 年 8 月 7 日开始进攻瓜达尔卡纳尔岛，海军陆战队与日本展开全面的空海战，陆战队空军中获得荣誉勋章的有约翰·史密斯（19 架）、罗伯特·盖拉（13 架）和第一王牌约瑟夫·福斯（26 架）。海军头号王牌斯坦利 W·维塔撒是"约克城"航母的俯冲轰炸机飞行员，他在 1942 年 5 月 8 日在珊瑚海空战中击落 3 架飞机，随后，他在 10 月 6 日的圣克鲁兹战斗中，击落了 7 架敌机，并于 11 月 13 日击落了 1 架水上飞机。

1943 年初，在所罗门，美国陆战队第 214 战斗机中队指挥官博音顿击落 18 架飞机。在新几内亚，第 5 航空队的两名飞行员理查德 I. 邦格和汤姆斯 G. 麦圭尔展开竞赛，两人分别击落 40 架和 38 架飞机。

1944 年 6 月 19 日在菲律宾作战中，F6F "地狱猫"飞机取得极大战果，美国人称这场战役为"马里亚纳猎火鸡"。"列克星敦"航母上的亚历山大·弗拉秀当天就

苏维埃空战战术之父亚历山大·波克雷什金。在库班的战斗中波克雷什金表现尤其突出。他著名的"高度、速度、机动、火力"理论正是在这里诞生的

击落了6架飞机，使他击落敌机的总数达到19架。"埃塞克斯"航母上的大卫·麦克坎贝尔击落7架。后来他在10月4日在莱特湾战斗中攻击一个由40架飞机组成的编队，击落了其中的9架，使麦克坎贝尔击落飞机的总数达到34架。

在苏联战场，苏联空军最出名的是亚历山大·波克雷什金，他于1941年6月23日击落了德国空军的1架Me-109E，这是他击落的第一架敌机，到二战结束前他共击落敌机的总数达到了59架，其中48架是驾驶P-39"空中眼镜蛇"击落的，他三次获得苏联英雄金星奖章。

另一王牌是阿列克谢·马拉斯耶夫。他在1942年4月被1个10架Me-109的编队击落。他从雅克-1飞机残骸中爬出来，双腿已断。他用了19天爬回自己的部队，不得不进行双腿截肢。但是他装上假肢，驾驶拉-5共击落19架飞机。

另外一名王牌是伊万·阔日杜布。由于他飞行技巧太好而被留校任教，直到1943年6月才获得作战任务。他先后驾驶拉G-5、拉-5FN和拉-7战斗机，他共击落62架飞机，成为二战中盟军的第一王牌。获得过三次苏联英雄金星奖章。

苏联红军空军有3个女子飞行团，其中586团是一个战斗机团，但该团没有一人击落4架以上飞机。不过，两名在男子飞行部队服役的女飞行员莉特凡科和布达洛娃却创造了分别击落12架和11架的记录。

面对装备精良、训练有素的日本飞行员，中国空军奋勇作战，也出现了一些王

柳哲生，中国击落日机最多的飞行员

牌飞行员。击落敌机数量最多的是柳哲生，他在1937 年至 1941 年间共击落 11 架日本飞机。另外一位叫做王光复的飞行员，他驾驶 P-40 击落 6.5 架飞机，另外他还驾驶 P-51 击落 2 架日本飞机。

二战中盟军的第一位王牌飞行员是波兰的斯卡尔斯基，他于 1939 年 9 月 3 日击落了 2 架德国战斗机。第二天他又击落了 1 架容克 -87，在四天里他击落的飞机总数达 6 架。波兰陷落后，他先后转战罗马尼亚、法国、英国，总共击落了21 架飞机，成为波兰第一位王牌。

德国是二次世界大战的主要发动者和参与者，在大战中，德国人夺得了空战王牌团体和个人两项冠军——在二战全期，德国诞生了 3000余名王牌飞行员，其中王牌飞行员的个人战绩也比同盟国多得多。

不列颠空战，三名德国战斗机飞行员默尔德尔斯、阿道夫·加兰德和赫尔穆特·维克成为德军空战中的佼佼者。1940 年 10 月 22 日，默尔德尔斯第一个击落 50 架飞机，但后来赫尔穆特·维克开始领先，击落 56 架飞机。

1941 年 6 月 22 日，德国进攻苏联，默尔德尔斯首先突破一战中的王牌里希霍芬保持的击落80 架飞机的记录。二战中，他共击落 115 架飞机。

随着空战日趋激烈，德国夜间战斗机飞行员针对英国的夜间轰炸机和护航的战斗机展开作战行动。Me-110 飞行员沃纳·斯崔伯一共击落 66架飞机，仅有 1 架不是在夜间击落的。他成为德国空军第一位夜间战斗王牌。后来，一位叫做海茵茨的德国人，驾驶 Me-110G 战斗机击落了 121

斯卡尔斯基

在天上打架

空战第一王牌埃里希·哈特曼

架飞机，成为了德国第一夜间战斗王牌。

马尔塞尤，这位长得帅气的魔鬼，驾驶 Me-109 战斗机支援隆美尔非洲军团，在一天内创下了击落飞机数量最多的纪录：1942 年 9 月 1 日，他在 3 个架次中击落 17 架飞机。他写下了共击落飞机 158 架的记录。

当沃尔特·诺沃特尼击落了 255 架飞机后，他被调离第一线担任飞行教官。1944 年，他作为装备新型 Me-262A 喷气式战斗机的诺沃特尼大队指挥官返回作战岗位，又击落了 3 架飞机。

但这些战绩和埃里希·哈特曼相比，实在都不值得一提——他在 1944 年 8 月 24 日创下新纪录，当天他击落了 11 架苏联飞机并使他的总战绩达到 301 架。到战争结束时，这位历史上击落战机最多的飞行员又击落苏联 1 架雅克 -7，总数定格在 352 架，同时在那一天他得知德国投降的消息。与他齐名的是哈德·巴克霍恩中校，他以击落 301 架飞机稳坐德国也是世界第二把交椅；京特·拉尔少校是德国第三号空战王牌，他的战果达到 275 架。

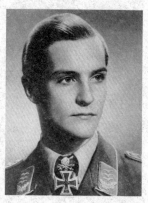

二战德国王牌飞行员沙漠之鹰汉斯·约阿西姆·马尔塞尤

1944 年，随着罗马尼亚于 8 月，芬兰于 9 月加入了盟国。他们的飞行员改头换面，开始和以前的德国战友作战。他们的交战记录变得很有意思。例如罗马尼亚第一王牌堪塔库济奈，先前一共击落 50 架苏联和美国飞机，后又击落了 3 架德国的飞机。

四、空中的“绞杀”

第二次世界大战期间，随着德军在北非战场的连连失利，纳粹德国的高层感觉到了前所未有的恐慌。与此同时，受高层重视的纳粹空军也急得火烧屁股了——而且烧的还是飞机的屁股。

插问 喷气式飞机究竟有多厉害？

让屁股烧起来

Me.262 战斗机

为了挽救战场上的颓势，德国人居然鼓捣出了一种屁股能冒火的飞机——喷气式飞机。

这是一种使用完全不同的动力系统的飞机，拥有划时代的、压倒性的、十分可怕的战斗力。但希特勒这会儿脑子又一次进水了，他坚持只将喷气式飞机用于轰炸

作战。反而是小日本，因为被美国人的轰炸机揍了个稀里哗啦，情急之下，花大价钱从德国买了这种飞机的技术想作为翻盘的本钱。日本人把技术资料分别用两艘潜艇秘密运回日本。其中一艘在大西洋被击沉，另一艘于1944年7月4日绕道回国。可瞧着这只有一半的资料，日本人只能干瞪眼。

直到 1944 年秋天，德国人才想起来把他们的喷气式飞机 Me.262 作为战斗机投入使用。尽管 Me.262 一进入战场就取得了惊人的战绩，但一切都太晚了，纳粹德国在全世界的欢呼声中战败投降，而这一伟大的人类智慧结晶，成了战胜国的战利品，被苏联和美国瓜分。

世界上第一架喷气式飞机——德国的海因克尔 He-178 原型机完成首次喷气飞行，标志着喷气式飞机的正式诞生

为什么喷气式战斗机的威力很大呢？因为喷气式飞机飞得高，也飞得快。要想又高又快，就要从飞机的动力系统说起。二战时期的飞机，使用的都是活塞式发动机。什么？啥是活塞式发动机？你见过汽车吗？汽车上使用的发动机就是活塞式发动机。而德国人鼓捣出来的能喷气的，使用的是涡轮发动机。

这两种发动机有什么区别呢？好吧，你们现在实在太小了，要等到你们读书读到大学，而且学的还必须是工科的机械专业，才能真正搞懂这两种发动机的原理和区别。这里就先打个比方来解释一下吧！假如你现在要回到在 10 层楼上的家，你和爸爸同时上楼，只不过爸爸爬着楼梯上去，你是坐着电梯上去。就算你爸爸是运动健将，但是最先回到家的肯定是你。活塞发动机和涡轮发动机的区别，差不多就是爬楼梯和坐电梯的区别。

具体地说，活塞式发动机和涡轮发动机完全是两种不同的动力系统。如果使用的是活塞式发动机，就要在机头上装螺旋桨，靠螺旋桨的高速转动给飞机带来动力。活塞式发动机最大

我们在实验喷气式战斗机。

啊！

你们比万户还牛啊！

在天上打架

功率一般在 4000 马力，而且，螺旋桨的旋转速度也是有局限性的，不可能无极限地快下去。而涡轮发动机是依靠空气的压缩产生推力，最大功率可以轻松超过 10000 马力，而且不需要安装螺旋桨。

在飞机发明后不久，其实就已经有人提出了喷气推进的构想。只不过那时候连活塞发动机的技术都还是个"婴儿"，喷气推进就只能是科学幻想了。当然，最早的涡轮发动机专利也不属于德国人。在二次世界大战前，英国、德国、意大利、法国、苏联等国家的科学家，都在努力地探索喷气式发动机的原理。1921年，法国人马克西姆·纪尧姆获得了世界上第一个喷气发动机的专利，他的设计已经很接近后来的轴流式喷气发动机了。然而，在这场新型飞机的研制竞赛中，德国却遥遥领先：1930 年 1 月，英国人 F.惠特尔获得了涡轮喷气式发动机的专利。1937 年 4 月 12 日，他领导他的团队研制的世界上第一台离心式涡轮喷气发动机开始进行试车。可是他还是比德国人晚了一步。当年的 3 月，第一种涡喷发动机已经在德国运转成功。

早期的喷气式战斗机

1939 年 8 月 27 日，德国人试制的世界上第一架涡轮喷气式飞机——"亨克尔"He-178 进行了一次划时代的试飞。该机采用硬壳式铝机身和全木质机翼，最大速度达到了每小时 700 千米。

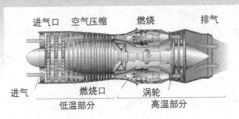

涡轮发动机工作示意图

1942 年 7 月，梅塞斯密特研制出世界上第一架真正的喷气式战斗机——Me.262。该机连续创造世界飞行速度记录，达到了每小时 850 千米的惊人速度。与同期的活塞式战斗机相比，Me.262 在飞行速度、高度和低空性能等方面，都占有明显的优势。在一次空战中，6 架 Me.262 曾创造了在数分钟内连续击落 15 架 B-17 轰炸机的战绩。

当然，诞生于二战后期的喷气式战斗机，只能是襁褓里的婴儿。由于技术不成熟，其可靠性以及飞行品质，都存在着很多缺陷，而且早期的涡轮发动机耗油特别高，严重制约了飞机的航程和作战半径，这方面甚至还不如当时最先进的活塞式战斗机，所以生产量不大，无法改变活塞式战斗机一统天下的局面。

喷气式战斗机的真正崛起，是在 20 世纪 40 年代末、50 年代初。由于二战后世界上出现了东西方两大阵营的对峙格局，在航空领域，也由群雄纷争逐步演变为以美、苏两国进行角逐的局面。

当时，虽然一些欧洲国家也研制和生产出了自己的第一批喷气式战斗机，如英国的"猎人""标枪"；法国的"秃鹰""神秘"等。但美国和苏联通过夺取德国的航空人才和资料，

在天上打架

迅速成为喷气时代航空界的两大霸主。因为同样具有德国血统，这也导致早期的美、苏喷气式飞机有很多相似之处。

F-80 喷气式战斗机是美国第一种装备部队的喷气式战斗机。继 F-80 之后，美国人于 1946 年 2 月研制成功 F-84"雷电"式战斗机。1947 年开始试飞更先进的 F-86"佩刀"式战斗机，该机是美国第一种采用后掠机翼的喷气式战斗机。

苏联人研制喷气战斗机的时间比美国晚，直到 1946 年 4 月 24 日，才同时试飞成功其早期的米格 -9 和雅克 -15 喷气式战斗机。苏联设计的最成功的第一代喷气式战斗机，是米高扬设计局开发的米格 -15。1947 年 6 月 2 日，这种采用后掠翼的战斗机首飞上天。经过改进的米格 -15，成为苏军在上个世纪中期的主力战斗机。随后不久，米高扬设计局又开发出一种性能更好的高亚音速战斗机—米格 -17，并投入使用。

米格 -17 战斗机

第一代实用喷气式战斗机的性能有了很大改善，尤其是在最大速度、升限、爬升率、加速性等方面。二战期间，一般战斗机的最大速度在 500~700 千米 / 小时之间，升限为 10000 米左右，而 F-84、F-86、米格 -15、"猎人"、"标枪"、"神秘"等型号的喷气式战斗机的最大速度均超过了 1000 千米 / 小时。F-86 和米格 -17 在俯冲状态，还可以作超音速冲刺，它们的实用升限，多数都可以达到 15000 米。

但第一代喷气式战斗机动力性能极大提高的同时，飞机上的武器依旧是射程有限而且需要手动瞄准的航炮，这使得第一代喷气式战斗机的空战尤为惨烈，需要在高速接近敌机到很近的时候，冒着两机对撞的危险，用机头瞄准、射击，而后在极短的时间内正确判断脱离方向。在这种短兵相接的空战中，飞行员素质对空战结局的影响再次凸显了出来。

第一代喷气式战机的交战

第二次世界大战期间的空中战争，基本上是在活塞式飞机之间进行的。喷气式战斗机之间的首次大规模交锋，则是发生在二战之后的朝鲜战场上。

1950年6月25日，朝鲜内战爆发。9月15日，美国政府出兵北朝鲜，战火一直燃烧到鸭绿江边。美国战机还不断侵犯中国领空，肆意对中国边境地区进行侦察、轰炸。

应朝鲜政府的要求，1950年10月19日，中国人民志愿军跨过鸭绿江，与朝鲜人民军一起作战。随后，志愿军空军也参加了抗美援朝。

中国人民志愿军空军使用过的战机

当时，人民空军刚刚组建不久，朝鲜战争初期，美国投入朝鲜战场的空军、海军和海军陆战队航空兵共计14个联队（大队），各型作战飞机1100余架，另外，还有英、澳、南非、南朝鲜空军的飞机100多架。美国空军、海军航空兵的飞行员大部分参加过第二次世界大战，飞行时间多在1000小时以上，实战经验丰富。

在天上打架

双方对比，美军无论在飞机数量、空战技术还是指挥经验上，都占有巨大的优势。

在朝鲜战场上，和美国空军肆无忌惮地到处狂轰滥炸，使朝鲜北部几乎所有的村镇都变成了焦土相比，中国志愿军一直处在被动挨炸的地位。

中国空军在哪儿呢？1951年，朝鲜战争进入了第二个年头。1月21日凌晨，中国人民志愿军空军某部二十八大队大队长李汉和战友们早早地坐在了机舱里待命。李汉他们作为1949年7月组建的中国第一支航空兵部队，早就跃跃欲试要立刻飞上天去参加战斗。

较量的时候到了！6架由苏联支援我志愿军的米格-15利剑般直插云霄。

小贴士

米格-15战斗机是由苏联米高扬·格列维奇飞机设计局设计的，北约给予的绰号是"柴捆"，是苏联第一代喷气式战斗机的代表。

米格-15战斗机采用机头进气模式。翼下可挂两只副油箱或炸弹。米格-15战斗机是苏联第一种实用的后掠翼飞机，已初具现代喷气式飞机的雏形。

这是一次具有历史意义的战斗，是中国志愿军空军在朝鲜战场上与美国空军进行的首次空战，取得了击伤敌机一架的胜利。这也是首次发生在喷气式战斗机之间的空战。

这场空战的主角，是米格-15。

朝鲜战争爆发，给了米格-15一个极好的实战验证机会。在朝鲜战场上，米格-15的主要对手是美国空军、韩国空军使用的美制F-86"佩刀"战斗机。米格-15在最高速度、中高度爬升率、加速率以及最大升限等性能方面优于F-86"佩刀"战斗机，在盘旋性能上比F-86"佩刀"战斗机差，同时高速下的稳定性以及运动性不如F-86"佩刀"战斗机，高速下的大幅度运动飞机会失速，必须放弃飞机。

米格–15 的火力极为强悍。它装备的 H–37 毫米机炮火力远强于 F–86 "佩刀"战斗机 的六门 12.7 毫米机枪。曾有米格–15 身负 200 余发 12.7 毫米枪弹而安全返航，而被米格–15 的 37 毫米炮击中的 F–86 "佩刀"战斗机，几乎是遭重创或者是被击落。

1951 年 1 月 29 日下午 1 时 34 分，16 架美军 F–84E 战斗轰炸机企图再次袭击安州火车站和清川江大桥。李汉率领 8 架米格–15 迎敌。

这一次，李汉没有忙于攻击。他仔细观察了敌人——16 架 F–84E 战斗轰炸机，分为上下两层编队，每层 8 架。

这时美军也发现了李汉和他的战友们，开始向着太阳飞去，想借着阳光甩掉对手。李汉命令二中队掩护，亲率一中队对上层的 8 架飞机发起了攻击。

遭到打击的美机慌忙扔掉副油箱，

F–84E 战斗轰炸机

在天上打架

美国研制的 F-84E 改进型战斗轰炸机 YF-96A

分为两个 4 机编队向左右转弯，企图摆脱。李汉紧咬住左转的 4 架美机中的 3 号机，逼近到仅 400 米时，李汉扣动了扳机，将其击落。

这一天，是志愿军空军首次在空战中击落美军飞机，取得了击落击伤 3 架敌机、己方无一损失的辉煌战绩，打破了美国空军不可战胜的神话，逼得美国空军每次出动的飞机不得不从几十架增加到上百架。

 朝鲜战场上，中国志愿军空军的英雄还有谁呢？

反"绞杀战"英雄赵宝桐与范万章

1951 年 5 月 21 日，中朝军队并肩战斗，结束了第五次战役，把以美国为首的联合国军赶回了三八线以南。

7 月 10 日，美国被迫坐到了谈判桌前。但在战场上，他们仍然想从空中捞取他们在地面得不到的东西。

7 月 13 日，联合国军总司令李奇微命令："采取行动以充分发挥空军威力的全部能力。"毕竟纸面上，美国空军无论飞机数量还是飞行员素质都强出志愿军太多太多。

臭鼬工厂成名作——洛克希德 P−80（F−80）"流星"战斗轰炸机

8月初，美空军制订了所谓"绞杀战"计划，决定以海军飞机、战略轰炸机和战斗轰炸机大规模机群破坏朝鲜北部的主要交通干线。

这期间，美国空军增加到了 19 个联队，1.4 万多架飞机。他们像蝗虫一样在朝鲜的天空盘旋。开始用无数的炸药肆虐朝鲜的土地。

敌人想要的，我们坚决不能让他得逞。中国人民志愿军空军配合地面部队打响了空中"反绞杀"的第一仗，在 38 天的作战中，共出动 29 批 508 架 / 次，击落美机 20 架，击伤 10 架。

从 1951 年 10 月起，志愿军空军先后有 9 个师 18 个团的歼击机和两个轰炸机师的部分部队陆续参战，参战飞机数量增至 525 架。

1951 年 10 月 20 日，副大队长赵宝桐和战友们驾驶 50 架米格 −15 歼击机抵达安东前线机场，担任掩护泰川一带新建机场和平壤至安东一线交通运输的任务。半个月后，赵宝桐参加了第一次空战。11 月 4 日上午 10 时，敌机 6 批共 128 架，进犯清川江、定州、博川等地区，其中 F−84、F−80 飞机各 20 架。地面指挥所命令 7 团升空迎敌。副团长孟琎率 22 架战鹰跃入天空。

在天上打架

赵宝桐所在的大队在高空担任掩护。此时，敌机已蹿至价川上空，孟琎见敌情改变，命令转向东南方向前进。

可 3 大队却没有听到副团长左转弯的命令，在大队长牟敦康的率领下继续向南飞去。不久就到了顺川的上空。

"注意，前面有敌机！"赵宝桐从耳机里听到大队长的声音。只见大约 6 千米外有 10 余架 F-84 战斗轰炸机，高度 4 千米，分为上下两层，正在向南飞行。牟敦康率先冲向敌机，赵宝桐和僚机紧随长机组跟了上去。

敌机被打了个措手不及，四散逃离。赵宝桐驾机咬住一架敌机紧追不放。双方

志愿军飞行员蒋道平

在几千米的高空展开了追逐。终于，赵宝桐把敌机套入瞄准具的光环，开炮！敌机一头扎向地面。

此时，敌机在志愿军空军的打击下，掉头向西南方向飞去。"想逃，没那么容易！"赵宝桐又盯住一架敌机，按下炮钮，"咚！咚！咚！"炮弹正中敌机机翼。敌机冒着浓烟摔在地上，爆炸了！

首次空战为 2：0！赵宝桐取得了骄人的战绩。

12 月 2 日，志愿军空军第一次参加了敌我双方多达 300 架飞机的大空战，赵宝桐也遇上了真正的对手——F-86"佩刀"。

通过前期的交手，美军也意识到老式的 F-80、F-84 不是米格-15 的对手，所以已经开始大规模地装备更为先进的 F-86"佩刀"，这款著名战机性能优于志愿军的米格-15。

这天下午 2 时 33 分，美机 8 批 120 余架飞机向泰川、博川、顺川等地飞来，准备对我交通线予以重点轰炸。志愿军空 3 师首次全师出动，升空迎敌。当空 3 师飞至顺川、清川江口上空时，与美军 20 架 F-86"佩刀"战斗机迎面相遇，双方在空中展开厮杀。

这场战斗，赵宝桐毫不畏惧，上下冲杀，接连击落两架 F-86"佩刀"，成为空 3 师击落"佩刀"战斗机的第一人。

在抗美援朝空战中，赵宝桐共击落美机 7 架、重创 2 架，创造了志愿军空军击落击伤敌机的最高纪录。1952 年赵宝桐被授予一级战斗英雄荣誉称号，两次荣立特等功，成为中国空军历史上的"空战之王"。如今，赵宝桐驾驶的这架米格–15 战机就存放在中国航空博物馆里，飞机的编号为 25，飞机上印有的 9 颗红五星代表了他的战绩，7 颗实心红五星表示击毁 7 架敌机，两颗空心红五星表示重创两架敌机。

韩德彩

中国志愿军空军另一位英雄，是当时只有 19 岁的韩德彩。

1953 年 4 月 7 日，韩德彩和长机在掩护机群安全着陆期间，突遭美国空军"双料王牌"飞行员哈罗德·爱德华·费切尔驾驶的 F-86 型飞机偷袭。费切尔凭着高度和速度优势，将长机击伤。危急时刻，韩德彩为掩护长机脱险，不顾油料即将耗尽的危险，加大油门将飞机拉起，勇猛地冲向美机。在韩德彩的掩护下，长机摆脱了美机的威胁，安全降落了。

狡猾的费切尔企图以下滑右转的动作引诱韩德彩跟下来，以便利用 F-86 较好的水平机动性能，急速转弯摆脱。机警灵活的韩德彩识破了这一诡计，并没有追下去，始终占据着高度优势，死死地咬住费切尔，稳住机头，将美机套进瞄准环，在距离 300 米时猛烈开炮……费切尔赶紧跳伞逃命，被志愿军活捉。

早些时候，美军另一位王牌飞行员戴维斯少校也败在志愿军空军手下。1953 年 2 月 10 日，美军戴维斯少校率领第 4 联队的

小贴士

"拉弗伯雷圆圈"阵，诞生于第一次世界大战，是一种经过不断完善提高的、攻防一体的大规模的战斗机编队，主要用在战区来回飞行以搜索敌机。

在天上打架

18 架 F-86 为掩护战斗轰炸机攻击军隅里附近的铁路目标担任巡逻，戴维斯少校发现了志愿军飞机，便和他与僚机离开了 F-86 编队，当戴维斯悄悄从后边接近志愿军飞机的时候，螳螂扑蝉，1 架米格 -15 从左后方冲来，一连串炮弹把他击坠于地。这个不可一世的"王牌飞行员"竟被我年轻的志愿军空军驾驶员、志愿军空军第 4 师大队长张积慧击毙，葬身于朝鲜战场。

张积慧在抗美援朝中，驾机参加了 10 多次空战。击落击伤敌机 5 架。他被誉为"空中英雄""空中突击手"，被授予"中国人民志愿军一级战斗英雄"。

志愿军空军在组织部队坚决反击美空军大机群的同时，

为牵制和消耗美空军的兵力，乘大机群活动的间隙，以小编队多批连续出动的方法，远程奔袭在镇南浦和大同江口一带的美机小机群。1953 年 2 月 17 日，志愿军空军第 17 师出动的一个小编队，创造了 4 机打破敌 5 架飞机的"拉弗伯雷圆圈"阵，击落敌机 3 架的成功纪录。

在抗美援朝战争中，刚刚成立不久的中国空军一鸣惊人，并涌现出了许许多多的英雄群体和个人。志愿军空军某师第九团第一大队参加空战 80 多次，击落击伤敌机 29 架，成为这些英雄群体中最为耀眼的一颗明星。击落击伤敌机 9 架的大队

"米格－15"与"F－86"博弈

长王海，被评为一级战斗英雄、特等功臣。顺便说一句，在我志愿军轰炸机第二次轰炸大和岛时，遇到了美军F-86的攻击。我轰炸机上的机枪手用机枪打下一架F-86，创造了空战神话。

1950年6月19日，大陆空军的第一支航空兵部队——空军第四混成旅在南京正式成立，这支部队集中了当时空军的所有战斗力，王海从东北航校毕业后进入该旅。

1951年10月下旬，根据志愿军空军的统一部署，航空兵三师第九团第一大队，在大队长王海的率领下，驾机飞到了朝鲜前线。

初上空战战场的一大队飞行员大都来自陆军，在地面英勇善战的王海，在喷气式歼击机上只训练飞行了几十个小时，甚至连一次空靶也没打过。

由于缺乏实战经验，一连几次空中战斗都是乘兴而去，空手而归，毫无收获。王海是一个勤于思考的人，他组织一大队的战士一起认真研究分析，还真找到了自己的问题所在，他们需要一次实战实践自己的总结。

机会终于来了，在1951年11月9日的一次战役中，与敌机不期而遇的王海大队击落了一架陨星F.Mk8战斗轰炸机，实现了"开门红"。

11月18日，他们再一次迎来了战机。当天14时许，志愿军前线雷达发现美机9批184架，一部分活动于永柔地区，一部分进至安州、清川江一带对铁路目标轰炸扫射。

在天上打架

被誉为"英雄的王海大队"飞行队

空三师九团奉命起飞 16 架米格 -15 战斗机迎战。王海带领一大队 6 架战鹰奉命赶往战区。当飞机接近清川江大桥时，王海清楚地看到低空中五六十架敌机正对大桥俯冲轰炸。

正是好机会。王海一声令下，一大队 6 架战鹰闪电般向敌机冲去。遭到突如其来的攻击，敌机急忙投掉炸弹，抢占有利位置仓促应战。

不一会儿，有 8 架敌机摆开了一个大圆圈阵。这个空战队形很有效率，当攻击圆圈中的前一架敌机时，后一架马上就会跟上来进行掩护。这就是大名鼎鼎的"拉弗伯雷圆圈阵"。

王海迅速思考应敌策略：米格 -15 拥有显著优于敌方 F-84 的垂直机动性能，圆阵四周守得密不透风，但上方空虚。于是，他马上爬高占位，6 架战鹰紧跟随王海爬上高空，接着利用动能优势猛冲进敌阵，再拉起，再猛冲下来……反复多次以后，

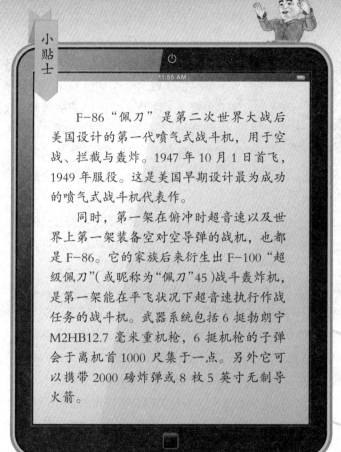

F-86"佩刀"是第二次世界大战后美国设计的第一代喷气式战斗机,用于空战、拦截与轰炸。1947年10月1日首飞,1949年服役。这是美国早期设计最为成功的喷气式战斗机代表作。

同时,第一架在俯冲时超音速以及世界上第一架装备空对空导弹的战机,也都是F-86。它的家族后来衍生出F-100"超级佩刀"(或昵称为"佩刀"45)战斗轰炸机,是第一架能在平飞状况下超音速执行作战任务的战斗机。武器系统包括6挺勃朗宁M2HB12.7毫米重机枪,6挺机枪的子弹会于离机首1000尺集于一点。另外它可以携带2000磅炸弹或8枚5英寸无制导火箭。

硬是把敌机的圆阵编队给冲散了。

战机出现。王海下令攻击,他在500米距离处向敌机开炮,击落1架F-84。与此同时,僚机飞行员焦景文紧紧掩护长机,击落1架偷袭王海的F-84。之后,王海和焦景文相互配合,越战越勇,又各击落一架敌机。

也就在此时,4号机飞行员孙生禄在300米的距离上发炮,把1架F-84打得凌空开花。60多架敌机被一大队6架战鹰勇猛的攻击打得惊恐万状,四下逃散。

1952年12月3日14时50分,72架F-86掩护56架F-80战斗轰炸机在平壤、永柔地区进行扫射轰炸,王海率一大队12架战鹰迎敌。在到达清川江上空时,王海发现在清川江南边有4条花蛇般的东西滑了过来。王海断定这里的敌机不止4架。他又发现:敌机副油箱没投,可见他们没瞧见我们,那就先打他个猝不及防。

王海发令,12架战鹰向4架敌机围了上去。敌机遭到突然袭击,慌慌张张投掉副油箱,加快速度逃窜。王海没有下令追击,而是命大家整理好队形,等待敌主力

在天上打架

F-86"佩刀"

机群过来再打。果不其然,这4架敌机刚刚逃走,一大群敌机排成"品"字队形,多层多路,黑压压地飞了过来。

见敌机已完全暴露在面前,王海这才下令攻击。顷刻之间,12架战鹰猛扑下去,敌机一下子乱了阵脚。在王海的带领和指挥下,一大队全体队员与敌军展开了激烈的较量,最终出色地完成了任务。这一次空战打得非常圆满。

事后,他们才得知,与他们作战的,是美空军王牌飞行队——第二次世界大战中声名赫赫的五十一大队。

一大队在王海的率领下,打一仗,进一步,越战越勇,越战技术越精,成为一个英雄辈出的战斗集体。到抗美援朝战争结束时,王海大队共参加空战80余次,击落击伤敌机29架,荣立集体一等功。飞行员人人都创造了战绩,每架战机上都涂上了象征着击落敌机的红五星,成为共和国空军的第一支王牌飞行队,被誉为"英雄的王海大队"。王海自己也创造了击落击伤敌机9架的辉煌战绩,被誉为"当今世界上唯一敢和美国空军较量的空军司令"。由于战功卓著,中国人民志愿军领导机关特决定给王海记特等功、一等功,授予一级战斗英雄荣誉称号。1953年1月10日,朝鲜民主主义人民共和国最高人民会议常务委员会授予王海二级国旗勋章,同年11月8日再次授予他二级自由独立勋章及军功章。

在1950年末至1951年初,在朝鲜半岛的西北部,从鸭绿江以南至清川江之间的空域,米格-15对F-86造成相当大的威胁。美国飞行员开始把这个区域称呼为"米格走廊"。这是历史上第一次出现大规模喷气式飞机对战的地方,所以"米格走廊"也被视为喷气式飞机战争的发源地。

五、速度就是任性

第一代喷气式战斗机在取得骄人战绩的同时，也开始逐渐暴露出机载设备和武器系统简单，飞行速度难以突破音速，升限、加速性和爬升率不高，航程与作战半径不大等缺点。因此，20世纪五六十年代，人们开始致力于研制速度更快、机载电子设备和武器装备更好的战斗机。

 难道空气也能变成墙，阻碍飞机飞行吗？

影响速度的"云"

客观地说，在朝鲜战场上中国空军之所以能被美国人惊呼"中国一夜之间成为世界空军强国"，真正的根源是中国空军装备了米格-15。喷气式飞机在实战中，依靠速度和高度，让活塞螺旋桨战斗机毫无招架之力。人们认识到，未来空战的必然趋势，是战机速度和高度的比拼。

一架正在穿越音障的美国F/A-18F"超级大黄蜂"战斗机，机身周围激波面附近是由于普朗特－格劳厄脱奇点效应产生的云雾

但是，问题来了：每当飞机接近音速时，飞行员发现，在操纵飞机时都会产生一些奇特的反应——速度下降，机头下沉，仿佛有一道无形的墙阻挡在飞机的前面，只要稍微处置不当，飞机就会当空解体。

第二次世界大战后期，英国的"喷火"式战斗机和美国的"雷电"式战斗机，飞行速度都接近了音速，而当时这两种飞机的飞行事故特别多。渐渐地，人们终于明白了，要想做到更高和更快，"音障""热障"是拦路虎。

跨音速飞行伴随的一个效应称为"普朗特－格劳厄脱凝结云"，也叫"音爆云"。当飞机在空中从亚音速向超音速飞行时，它会渐渐追上自己发出的声音。这时候在机头或突出部分会出现一种楔形或锥形波，这就是激波，肉眼看来就像是一团云雾。其特征是一个以飞机为中心轴，从机翼前段开始向四周均匀扩散的圆锥状云团。

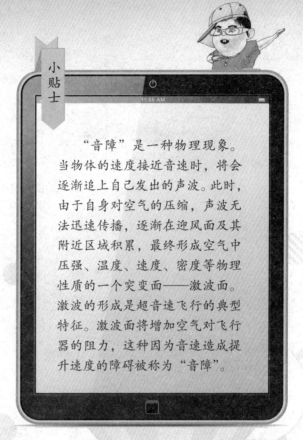

小贴士

"音障"是一种物理现象。当物体的速度接近音速时，将会逐渐追上自己发出的声波。此时，由于自身对空气的压缩，声波无法迅速传播，逐渐在迎风面及其附近区域积累，最终形成空气中压强、温度、速度、密度等物理性质的一个突变面——激波面。激波的形成是超音速飞行的典型特征。激波面将增加空气对飞行器的阻力，这种因为音速造成提升速度的障碍被称为"音障"。

你坐过快艇吧？快艇在水中高速前进的时候，激起的水波是从艇前开始，呈一楔形向外传播的。速度越快，快艇就越颠簸。空气也有这种现象——声音也会像水一样通过波的形式向外传播，这就是声波，声音就是声波传入耳内刺激鼓膜产生的。

"音爆云"产生以后，激波引起的压强、密度、温度的变化会像快艇在水中前进一样发出响声。但是飞行员是不会听到这种响声的。强烈的音爆会对飞行器跨越冲击面的那部分造成巨大的压力，这就是为什么飞机会当空解体的原因。"音

在天上打架

突破"音障"

"爆"也会给地面建筑物产生损害，所以，世界各国都禁止飞机在城市的低空，特别是住宅区上空超音速飞行。

为了突破"音障"，空气动力学家和飞机设计师们展开了密切合作，进行了一系列飞行试验。他们发现，要进一步提高飞行速度，飞机必须采用新的空气动力外形。由奥斯托斯拉夫斯基领导进行的一次试验中，曾用到了飞机在高空投放装有固体火箭加速器的模型小飞机。模型从飞机上投下后，在滑翔下落的过程中，火箭加速器点火，使模型飞机的速度超过音速。专家们据此探索超音速飞行的规律。苏联飞行研究所还进行了其他一系列有关空气动力学的研究，了解在不同速度中的空气动力特性。这些基础性研究，对超音速飞机的诞生，都起到了重要作用。

美国对超音速飞机的研究，是通过一种叫做贝尔X-1型"空中火箭"式超音速火箭动力研究机进行的。X-1型飞机的翼形很薄，没有后掠角。它采用液体火箭发动机做动力。由于

太快，我怕遇到音障啊！

为什么不跑快些，夺个第一名回来？

你也想得太多了吧！

飞机上所能携带的火箭燃料数量有限，火箭发动机工作的时间很短，因此不能用 X-1 自己的动力从跑道上起飞，需要把它挂在一架 B-29 型"超级堡垒"重型轰炸机的机身下，升入天空。

飞行员在升空之前，已经在 X-1 的座舱内坐好。轰炸机飞到高空后，像投炸弹那样，把 X-1 投放开去。X-1 离开轰炸机后，

贝尔 X-1 型"空中火箭"

在滑翔飞行中，再开动自己的火箭发动机加速飞行。1946 年 1 月 19 日，X-1 进行了第一次空中投放试验。

又过了大约一年，X-1 的首次超音速飞行才获得成功。完成人类航空史上这项创举的，是美国空军的试飞员查尔斯·耶格尔上尉。他是在 1947 年 10 月 14 日完

F-100 "超佩刀"

在天上打架

成的——24 岁的查尔斯·耶格尔从此成为世界上第一个飞得比声音还快的人，他的名字载入了航空史册。那是一次令人难忘的飞行，查尔斯·耶格尔驾驶 X-1 在 12800 米的高空，当飞行速度成功达到 1078 千米 / 小时，相当于 M1.015 的时候。X-1 飞行成功，宣告人类已经真正地突破了"音障"。当然这同样意味着研制超音速飞机的进展就加快了。有趣的是，在美国空军和海军展开了竞争，比的是谁的飞机能飞得更快。其他国家也纷纷开始多种尝试。人们通过理论研究和一系列研究飞机的飞行实践，包括付出了血的代价，终于掌握了超音速飞行的规律。高速飞行研究的成果，首先被用于军事上。1954 年，苏联的米格 -19 和美国的 F-100 "超佩刀"问世。

小贴士

飞机高速飞行时，飞机机体和空气摩擦会产生出高温。航空界把飞行器作高速飞行时所遭遇到的高温情况称之为"热障"。

"黑鸟"神话

在突破音障之后，人类又突破了热障。创造无敌侦察机神话的"黑鸟"，就是突破"热障"的杰作。

当时正处于美苏对峙的"冷战"时期。为了掌握战场局势，美国研发出了一种速度和高度都十分惊人的一代传奇战略侦察机：SR-71"黑鸟"。

 请问，"黑鸟"真的无敌吗？

SR-71"黑鸟"是人类航空史上的一朵奇葩，也是世界空战史上一颗闪亮的明星——SR-71"黑鸟"使用了大量当时最先进的技术，是世界上第一架突破了热障，还能以 3 马赫的高速躲避敌机与防空导弹的飞机，能飞到敌国上空以拍摄照片的形式了解敌国的动向。

"黑鸟"自从 1966 年服役后，其侦察足迹遍及全球——它曾秘密侵入中国领空，偷拍了中国第一颗氢弹爆炸的照片；它曾飞越古巴领空，核实古巴是否部署了苏联的米格 -23 战斗机；它也曾多次到苏联上空，侦察苏联核导弹发射井……在它服役的 30 年里，没有任何一架"黑鸟"被击落过，创造了一代"黑鸟"神话。

地球人都在想法子击落"黑鸟"……

你千万别飞上天去，否则躺着也能中枪。

SR-71"黑鸟"不但技术先进，而且它的整个设计制造细节都充满了天才的想象和智慧。

首先是来之不易金属材料：SR-71"黑鸟"的机身大部分都是钛，这是现在人们大多都知道的，运用在航空航天领域极为重要的金属，在当时还很少被使用，而且这些钛还是美苏对峙最为严重的时期，美国从苏联"骗来的"，苏联政府直到 SR-71"黑鸟"面世，才知道那些被各种理由买走的钛最终去了哪里。

钛合金是一种极难加工的材料，要做成机身薄薄的蒙皮则更为困难，而且价格相当昂贵，这也是后来"黑鸟"不得不退役的原因。它实在太贵了，连富有的美国人也用不起它。

小贴士

战略侦察是为获取有关国家安全和战争全局所需情报而进行的侦察。是军事侦察的组成部分。由统帅部或负有战略任务的指挥机关组织实施。所获情报是制定战略方针，拟制战略及战略性战役计划和指导战争的重要依据。

在天上打架

其次，"黑鸟"最充满想象力的是它的机身结构：因为"黑鸟"在高速飞行中会很热，所以它主翼内侧蒙皮的主要部分其实是皱纹状的。热膨胀会使蒙皮能向垂直方向伸展。

同时，也因为飞行中的高温，"黑鸟"的机身将会热膨胀出好几十厘米——美国人以高速高温下的状态校准整个飞机，解决了飞机在飞行中的热膨胀的问题，然后把冷缩时可能出问题的位置断开，导致在常温状态的机身是非正常状态的，有很多缝隙和错位，其中也包括油

刚刚起飞的"黑鸟"，机翼上杂乱的深蓝色痕迹就是漏出来的燃油

箱……所以"黑鸟"在飞行到足够速度前会一直漏油。当然，"黑鸟"的燃油也非常特殊。如果把一根点燃的香烟丢进航空汽油中，立刻就会燃起大火并且爆炸。但同样的情景，丢进"黑鸟"燃油中的烟头则会立刻熄灭，这意味着"黑鸟"发生爆炸的几率几乎是零。在飞行时，"黑鸟"必须得先冲刺飞行以加热机体，然后在起程执行任务前进行空中加油。

第三，SR-71"黑鸟"还有特别的气动外形：它拥有一个独特而有趣的特征——两侧脊线。早期的雷达隐形研究认为，平滑且渐缩的外形能将最多的雷达束反射至其他方向。原先的"黑鸟"并没有两侧脊线，但雷达工程师说服了空气动力学专家，增加了一些风洞测试。设计师意外地发现两侧脊线可以产生超强的涡流，在接近机身前段会产生大幅

巡航中的"黑鸟"

度的额外升力，可以获得较高的安定性与较低的高速阻力，还能增加载油量获得更远的航程。

第四，"黑鸟"使用的发动机是J58发动机，这种发动机的特点是，当飞行速度愈高，发动机的效率也随之提升。一般喷气式发动机无法持续使用加力燃烧室，而且效率在高速时会下降。这是因为美国人给J58发动机进行了天才的涵道设计，使得发动机在各个速度下都能获得最好的进气效率。

正因为这些高科技的应用，使得"黑鸟"能飞到其他飞机连想都不敢想的高度，而且非常地快。

有一个著名的段子，是一架"黑鸟"与洛杉矶塔台的一段对话："黑鸟"

"黑鸟"和其他飞机体积的对比

飞行员："洛杉矶塔台，请求60000英尺高度的空域使用权（大约是18000米）。"

沉默了片刻，传来了塔台调度员略带惊奇和嘲讽的声音："你打算怎么爬升到那个高度？"

飞行员回复："我们不打算爬升到那个高度。我要下降到那个高度。"

"……"塔台调度员听完直接晕了。

SR-71"黑鸟"诞生之后就开始了对越南和中国的侦察，并一直活跃在越南战场的上空，把越南军队的兵力调动和战备情况暴露在美军的眼底。

在越南战争期间，美军司令部下达的空中侦察飞行任务占全部飞机起飞架次的10%~30%，其中"黑鸟"在1969年，贡献了16架次；在1970年，有47架次。1971年54架次。到了1972年，就已经高达123架次。

在天上打架

美军大肆动用昂贵的"黑鸟",自然是因为它可以轻易突破当时所有战斗机的拦截,而且从未被击中过。"黑鸟"能以 2800~3200 千米 / 小时的速度在高空侦察飞行,而当时越南军队最先进的 CA−75M 防空导弹系统只能保障对速度在 2000 千米 / 小时以下的目标进行有效攻击。"黑鸟"能翱翔在 3 万米的高空,而当时的战斗机最多也就徘徊在 2 万米左右。

向神话说"不"

用什么办法可以击落"黑鸟"呢?

传奇侦察机 SR−71"黑鸟"是越南人头顶挥之不去的阴影,也可以说是当时世界上军事家的噩梦。他们做梦都在想着:怎样才能击落这个形同无赖的飞机。但至今没人能够击落"黑鸟"。

当然,必须说明的是,如果"黑鸟"继续活跃下去,就很难逃脱被击落的命运了。

XB−70 轰炸机

越南战争后期，越南人使用的 CA-75M 防空导弹系统成功地完成了升级，再经过一些必要的修正，完善各种战斗性能后，改进型系统的战斗力急剧提升，理论上已经能够摧毁类似"黑鸟"性能的高空高速目标，但那时战争已经结束，它们失去了证明自己的机会和用武之地，就此成全了"黑鸟"一架未被击落的神话。《变形金刚》电影版里被称为"传奇般人物"，但实际已经年迈不堪的老爷爷"天火"，其变化形态就是"黑鸟"。

当然，在越南上空放肆的"黑鸟"也没有放过苏联，而且美国还研发出了另一个超过 3 马赫的战机——XB-70 轰炸机。这两种飞机仗着 3 马赫的速度，让普通的截击机根本追不上。这对苏联的国土防空构成了严重威胁。

迫于压力，米高扬设计局于 1958 年开展了高空高速截击机的研究。由此诞生了神奇的米格-25。

米格-25 在装备苏军初期，由于其极高的性能参数，一直为西方世界所关注，叙利亚、伊拉克、印度等国家也大量进口并装备了这款飞机，甚至服役至今。

米格-25 最惊艳的一次表演发生在以色列的上空。1971 年，时值第四次中东战争前夕，埃及 4 架奉命侦察的米格-25 被早就蓄谋已久的以军 F-4"鬼怪"拦截伏击。为了躲避导弹，米格-25 加速逃逸，F-4 飞行员发射了 AIM-9"响尾蛇"空空导弹，震惊世界的事情发生了：高速飞行的米格-25 把导弹远远地甩在了屁股后面！一架飞行速度高达 3.2 马赫的战斗机，真是个不折不扣的怪物！

从 1965 年到 1977 年，米格-25 一共打破和创造了 8 项飞行速度世界纪录、9 项飞行高度纪录和 6 项爬高时间世界纪录，西方甚至以此推测苏联的军用航空制造技术已经领先于世界，美国空军部长罗伯特·西曼斯甚至认为米格-25 可能是当时"世界上最好的截击机"。

直到 1976 年 9 月 6 日苏军飞行

米格-25 截击机

员别连科中尉驾驶米格 -25 飞机叛逃日本，西方世界才真正揭开了该飞机神秘的面纱。美日的技术专家把米格 -25 完全拆解并彻底地检查，才发现该机 70% 的部件是不锈钢，虽然极限速度很高，但是技术性能并没有想象得那么惊人，从整体性能上说仅仅相当于美国的 F-4 "鬼怪" 式战斗机，和美国当时正在研制的 F-15 "鹰" 和 F-16 "战隼" 战斗机更是相距甚远。由于操作时的回转半径惊人，米格 -25 甚至被讥讽为 "直线飞机"。但是整体来说，作为高空高速拦截机，米格 -25 成功地达到了设计需求，每当美军的 "黑鸟" 高空高速侦察机试图侵犯领空耀武扬威的时候，只有米格 -25 可以实施有效的拦截。为此，美国再也不敢让自己的 "黑鸟" 飞上苏联的领空。

但美军另一个同样大名鼎鼎的侦察机 "黑寡妇" U-2 就没这么好运了。这款在早期隐身设计上颇有可取之处，战场生存能力极强的侦察机，在跑到中国大陆的上空耀武扬威时，结结实实地摔了大跟头，而且还是两次。

第一次，是在偷拍中国卫星基地的时候，被中国的地空导弹部队击落。这是世界上首次使用地空导弹击落飞机的记录。

第二次则更为传奇，"黑寡妇" U-2 虽然已经不像 "黑鸟" 时代那样疯狂追逐速度和高度，但美军仔细权衡，还是认为高度始终是一个性价比比较高的生存手段，而且不受武器拖累的侦察机更容易达到，所以 "黑寡妇" U-2 凭借 25000 千米的升限依旧是一款飞翔在当时的所有战斗机头顶上的飞机，可以自由地飞翔。但中国空军战士完全不打算认输。歼6，这款已经属于发展到末路的第二代喷气式战斗机，由于发动机推重比和气动外形的限制，18000米的平飞高度已经是飞行极限。但是，谁说飞得低就打不着人？聪明勇敢的中国飞行员驾驶战机飞到嚣张的入侵者下方，向下俯冲了一段，而后迅速地拉起并全力开动了发动机，战机仿佛在空中跳起一般，靠惯性冲过了那根看不见的飞行高度极限，窜到了"黑寡妇"U-2下方，紧接着一串机炮，"黑寡妇"U-2在所有人都认为不会被战机击落的高度变成了一团火球。与此同时，世界航空史出现了一个全新的概念：动升限。

越南上空的鹰

越南战场上美军使用了哪些著名的飞机呢？

F-8"十字军战士"战斗机

越南战争被称为第二次世界大战之后最惨烈的战争之一，而发生在其中的美越空中战斗，更是世界空战史上的一个重要转折点。作为当之无愧的空战试验场，美越之间的空中较量，第一次大规模使用了空空导弹，第一次将空对地精确制导武器应用于战争，电子对抗、直升机和无人机也在这里进行了第一次的大规模亮相。

根据统计，越战期间美国空军在东南亚出击的飞机是二战时期的两倍；光是

在天上打架

1969 年美国空军投入到战场的战斗机和运输机就达到 1840 架。1965 到 1973 的 8 年间，美国海空军在印度支那上空飞行超过 124.8 万架次，共摧毁敌方 9000 辆军车，1800 列小火车，2100 座桥梁和 2900 架高射炮。越南战争是人类社会最近这一百年来战争的分界线，它的一个最大的军事后果是：美国传统的地面陆军消失了，美国空军此后也告别了空

F-4"鬼怪"战斗机

中格斗时代。

越南战场，美军使用的主力战机是"十字军战士"，也就是 F-8 战斗机，是美军第一架真正的超音速舰载战斗机，1956 年它就创下了每小时飞行 1600 多千米的空速记录，风光一时。

美军大规模介入越战之后，F-8"十字军战士"战斗机也跟着航母战斗群在 1965 年，参加了越南上空的制空权争夺战，同期参战的还有 F-4"鬼怪"战斗机。

F-4"鬼怪"战斗机十分倚赖导弹，所以总是被当时导弹的高失误率弄得战绩不佳。而运动性能良好的 F-8"十字军战士"战斗机是机炮与导弹通用的组合，成为猎杀米格-17 战斗机的最凶恶机种。在越南参战的 1965 到 1968 的 4 年间，F-8"十

小贴士

CH-53 直升机是一种重型直升机，只属于海军和海军陆战队，在战争中执行过许多次吊挂物资与运输人员的任务。是 CH-3 快乐绿巨人的衍生机种，性能优秀，价格非常昂贵。越战中最出名的行动就是参加过突袭西山俘房营的特种作战。

字军战士"战斗机合计击落了北越 19 架战斗机，其中 16 架是米格 –17，剩下的 3 架是米格 –21。

面对美国强大的空中力量，北越强化了防空网，其中的地对空导弹，对美国军机造成了很大威胁。特别是 1965 年 4 月 3 号的清化战役，美军遭到的重创载入了史册。当天上午 7 时，美军第 7 舰队的飞机，约 400 架次分批入侵越南清化省上空。美军飞机对着清化省北部的一些居民区、民用工程和经济设施狂轰滥炸。北越清化的防空部队和地方民兵武装，将各种火力一齐射向天空，组成强大严密的火力网，美军飞机一架架被击中……这一天，北越击落 17 架美军飞机，生俘 1 名美军飞行员，创造了一天击落美军战机最多的纪录。其中有两架 F–8"十字军战士"战斗机甚至是由北越空军当时已经落后的米格 –17 战斗机击落的，从此，4 月 3 日被越南定为空军节。美军也在这一天知道了北越的厉害。这回 F–8"十字军战士"战斗机有事要干了，就是去破坏北越的防空网。

长期以来，美国有一批迷信新技术的决策者，以为新技术可以决定一切，而且这帮哥们过分地喜新厌旧，有了导弹之后，美国飞机设计师们和空军的一些决策者认为，机炮在空战中已经成为废物，导弹才能决定一切。这些想法导致很多战斗机上根本不安装机炮。不过美国海军还是有些保守的人，他们认为空中格斗仍将不可避免，因此海军的 F–8"十字军战士"战斗机依旧安装了机炮，他们还加强了飞行员的格斗训练，以确保更多的海军飞行员能够活着回家见到妈妈。

飞行员对 F–8"十字军战士"战斗机的评价都很好，他们认为这种战斗机速度快、爬升猛、机动性好。当然 F–8"十字军战士"战斗机也不是十全十美。对于二战期间建造的埃塞克斯级航母来说，F–8"十字军战士"战斗机还是有点太大，速度也有点太快，降落速度稍微掌握不当，不是错过阻拦索，就是狠狠地摔在甲板上；而由于起落架很短，发动机尾流常常横扫飞行甲板，甲板上的人员稍不留神就会被吹个人仰马翻。还有，F–8"十字军战士"战斗机的发动机、起落架和液压系统都相当不可靠，而且机炮随时会发生故障，害得美军不仅多次眼睁睁地看着"煮熟的鸭子"飞了，而且自己反过来变成待煮的鸭子。

F–8"十字军战士"和 F–4"鬼怪"，这两种战斗机究竟哪一种更优秀呢？ F–8"十字军战士"战斗机是以"空中拼刺刀"为设计思想的战斗机，飞行员受到了更多更细致的空中格斗训练，连年的作战也磨练出了他们的经验和意志；而F-4"鬼怪"战斗机的指导思想是"导弹制胜论"，起初的导弹很烂，失误率很高，所以F-4"鬼怪"战斗机的表现是一塌糊涂。但是，当提升了导弹性能之后，F-4"鬼怪"战斗机开始变得凶猛起来，跟F-8"十字军战士"战斗机相比难分高下。1967年到1968年间，F-8"十字军战士"战斗机的战果是14架，F-4"鬼怪"战斗机的战果是13架。不过随着局势的发展，F-8"十字军战士"战斗机却被F-4"鬼怪"战斗机反超。F-8"十字军战士"战斗机早已退出天空，成为一堆废弃的金属，F-4"鬼怪"战斗机在美军服役到1995年，而直到今天，世界上还有国家在使用。

值得一提的是，越南战场是直升机粉墨登上战场的舞台。虽然直升机的战术作用早在朝鲜战场的时候就已经被发现，但真正运用到实战，并且把直升机的战术作用凸显出来的是越南战场。

六天，天空定结局

插问 中东战争是咋回事呢？

在各国战机研制进入对高空高速的追逐时，中东战争爆发。而前后五次打响的中东战争，空军的表现最为出色。其中，著名的六天战争，用空袭决定结局就是个很好的例子。

1967年6月5日早晨7时45分，以色列出动了几乎全部空军，对埃及、叙利亚和伊拉克的所有机场进行了闪电式的袭击。空袭半小时后，以色列地面部队也发动了进攻，阿拉伯国家进行抵抗。至10日，战争结束，阿拉伯国家失败。这就是第三次中东战争，也称"六·五战争"或"六天战争"。

小贴士

中东战争，或称阿以战争、以阿战争，是指以色列与埃及、叙利亚等周围阿拉伯国家所进行的5次大规模战争。

以色列出动了几乎全部空军，对埃及、叙利亚和伊拉克的一切机场进行了闪电式的袭击

为什么一场战争只用了六天呢？事情是这样的，第二次中东战争之后，美苏在中东的对抗更加激烈，得到美国支持的以色列向约旦和叙利亚进行了猛烈的报复性突击，而且阿拉伯国家也有苏联的大力资助，埃及和伊拉克均决定支援盟国约旦。

四面受敌的以色列决定向阿拉伯国家发起进攻，先发制人发动毁灭性的空中袭击。而阿拉伯国家中，另外三国均无力打击以色列，唯有埃及空军拥有的约550架作战飞机能够威胁到以色列。于是埃及空军成为了以色列的首要目标。

为实施这次空袭，以色列进行了长时间的侦察、准备。基本上摸清了阿拉伯各国的军队情况，尤其对空军的情况十分清楚，如空军基地的位置，跑道状况，雷达设施等，甚至连埃及军官的活动规律也了如指掌。

为了这次空袭，以色列就连进攻时间的选择，都煞费苦心：以往战争中成功偷袭的案例，多发生在周末，让人们觉得只有休息日的偷袭最有可能。而这次，以色列却打破常规，选择在星期一。埃及军队总以为以色列会在拂晓发动进攻，因此，在进行战争准备以来，每天拂晓，埃及空军都派出两架飞机进行巡逻。但机智的以色列人选定的时间是开罗时间8时45分，因为这是埃及军队交接班的时间，大多数军官正在上班途中，大约有15分钟的间隙可以利用。从气象情况看，正是雾气消散的时刻，能见度好，便于对地面实施攻击。

于是1967年6月5日清晨8时20分左右，突击埃及空军基地第1波次8架法国制造的幻影Ⅲ飞机腾空而起，突击开始了！

当天8时45分，在埃及的空军基地里，一切活动正在按部就班地进行着：军

在天上打架

幻影Ⅲ是法国达索公司研制的单座单发三角翼战斗机，主要任务是截击和制空，也可用于对地攻击

官们吃完早饭，正行进在上班的路上，刚刚巡逻完毕的空军值班部队人员正吃着早餐，雷达站的值班人员正在交接班……就在这个时候，以色列战机到了：8 架幻影飞机一字排开，在跑道上空依次掠过。一枚枚炸弹倾泻而下，准确地落在机场跑道上，发出震耳欲聋的爆炸声。摧毁了跑道，以军飞机又转了回来，使用机炮摧毁停机坪上整齐排列着的米格 –21 飞机。随着响彻云霄的爆炸声，飞机接二连三地中弹起火，巨大的烟柱直冲天空。

随后，以色列的第二波、第三波突袭战机陆续到达。以色列几乎派出了自己所有的空中力量，甚至连教练机也投入了战斗，对阿拉伯国家 25 个空军基地进行了总共四轮的袭击，获得的战绩相当惊人，在开战后 60 个小时，以色列共击毁阿拉伯国家飞机 451 架。

其中埃及作战飞机损失了 95%，整个埃及空军陷入瘫痪，而以色列只损失了 26 架飞机。

以色列空军牢牢地控制了天空！

在空中支援下，以色列地面部队的进攻非常顺利，战争仅进行了 6 天便以阿拉伯国家的惨败而告结束。

为期 6 天的战争，最终结果却在开战几十个小时的空中突袭后就已经揭晓。

这次战争中，以色列掌握制空权并不是靠空战取得的，而是通过把对手的空军消灭在地面来解决问题。

这场空中力量完全主导战争的进程和结局的战争，被浓墨重彩地写入了世界的空战史。

飞机与导弹角逐

 终于看到导弹了。对于飞机来说，导弹是"捣蛋"还是"倒霉"？

1973 年 10 月 6 日，是犹太教的赎罪日。按照犹太教教规，赎罪日这天，从日出到日落，不能吃东西，不能喝水，也不能抽烟。所以这一天的以色列军队显得比较懒散，也比较放松。

A–4 攻击机

所以敌人就来了。

中午 2 时左右，从约旦河对面的叙利亚阵地上，一排排炮弹呼啸着铺天盖地打来；几十架叙军飞机出现在空中，向以军阵地俯冲投弹，机关炮喷吐着凶猛的火舌。与此同时，在西奈半岛，埃及军队也向以色列发动了全面的进攻。

赎罪日战争爆发！这是第 4 次中东战争。

在西奈半岛和戈兰高地上，毫无思想准备的以色列军队被打得晕头转向，无法组织十分有效的防御，只得请求空军给予支援。

下午 3 时左右，首批支援地面部队战斗的以色列空军"鬼怪"式飞机，飞临戈兰高地和西奈沙漠上空，与赶来拦截的埃及和叙利亚的米格–21 战斗机展开了激烈的搏斗。

数量庞大的以色列飞机虽然在空中格斗时占据了绝对优势，但却受到地空导弹和高射炮火的凶猛打击。仅在戈兰高地上空，以色列空军就损失了 30 架 A–4 攻击

在天上打架

萨姆-6地空导弹

机和 10 架"鬼怪"式飞机。要减少损失，就要彻底夺取制空权。于是，大批以色列作战飞机满载炸弹和火箭，飞往埃及和叙利亚，企图再现 6 日战争时的雄风。

然而阿拉伯人已经汲取了教训。他们知道他们的空军无法与以色列抗衡，于是他们加强了地面防空力量，在苏联的大力援助下，组建了大量地空导弹营。这些地空导弹营采取混合编成，可以对付各种高度、速度来袭的以色列飞机，构成多层严密的火力网。同时，每个导弹旅均配有 3 个高炮营。高炮与导弹混合配置，专门打正在做规避导弹动作的敌机。

这些混合编制的主要防空武器有萨姆-2、萨姆-3、萨姆-6、萨姆-7地空导弹和 4 联装自行高射炮。其中萨姆-6是当时比较先进的近程地空导弹，也正是这种导弹给以色列带来了难忘的记忆。

以色列空军不清楚埃及和叙利亚已经围绕地空导弹构建了密集的防空火网，对这次战争中首次使用的萨姆-6地空导弹和自行高炮的性能也缺乏足够了解，以致在空袭埃及和叙利亚时遭到了厄运。在第 1 波

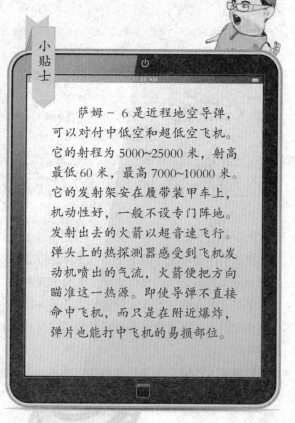

小贴士

萨姆-6是近程地空导弹，可以对付中低空和超低空飞机。它的射程为 5000～25000 米，射高最低 60 米，最高 7000～10000 米。它的发射架安在履带装甲车上，机动性好，一般不设专门阵地。发射出去的火箭以超音速飞行。弹头上的热探测器感受到飞机发动机喷出的气流，火箭便把方向瞄准这一热源。即使导弹不直接命中飞机，而只是在附近爆炸，弹片也能打中飞机的易损部位。

袭击叙利亚首都大马士革的8架以军飞机中，只有1架飞回了以色列。

但消极的地面防空根本不能决定战局。初受重挫的以色列空军及时总结了教训，并做出了积极的应对。他们给一部分战斗机装备了新式的电子干扰设备，其中部分飞机配备了"百舌鸟"反雷达导弹、红外假目标投放器和ALQ-119电子干扰吊舱，改装了12架幻影飞机作为电子对抗飞机。同时，以军攻击的重点也从对方的机场转为地空导弹阵地。

"百舌鸟"反雷达导弹

事实上，防空导弹阵地面对战机的攻击，并不是人们想象的那样可以从容面对，相反，完全处于劣势。这是为什么呢？

首先，地面防空导弹阵地是静止不动的，而飞机是在高速移动中的。静止目标比移动目标更容易被击中。其次，因为居高临下，空军在侦察上就占尽了优势，战机可以早早就锁定地面的对手，而后自行决定攻击的时机。而导弹部队是从下面往上面攻击，等到发现目标，已经处在被攻击的位置了。第三，拦截导弹和击毁飞机模式不一样。拦截导

释放干扰弹的直升机

在天上打架

弹主要靠着地面电脑的计算，计算出对方导弹的大致轨道，然后发射导弹拦截。而飞机上的对地攻击导弹则在发射时就带着飞机本身的速度，而且在飞行的过程中还会一直得到地球引力的帮助而加速，因此空地导弹比防空导弹速度更快、射程更远，更何况对于现代的可以可变轨的导弹来说，成功拦截率并不是很高。所以，战机要打掉暴露了位置的防空导弹阵地毫不困难。

为了成功率，以色列人还采取了很多有效的措施：他们首先派出无人机在目标上空投放各种干扰物，然后由战机超低空接近后发射"百舌鸟"反雷达导弹，摧毁萨姆导弹的制导雷达，把防空导弹打成瞎子。为了对付防空导弹的攻击，以色列空军还派出直升机担任警戒，负责发现敌方发射的导弹，通知攻击飞机及时进行规避导弹的机动，并施放干扰，使导弹脱离正常轨迹。以色列投放在空中的大量不同程度的金属片、高热照明弹、高热气球或燃烧着的镁火，把阿方防空雷达以及导弹的红外热寻系统折磨得眼花缭乱，痛苦不堪。

这些措施相当有效。以色列空军摧毁了苏伊士运河西岸埃军 46 个导弹阵地；在对叙利亚导弹阵地连续数天的突击中，摧毁了戈兰高地战线叙利亚导弹阵地的一半，迫使叙利亚将剩余的导弹撤回到大马士革周围。

由于埃、叙过分依赖地面防空兵器，没有使用轰炸机和歼击轰炸机突击以色列的机场及主要军事目标，也没有积极使用歼击机配合地面防空兵器作战，地空导弹阵地又没有得到陆军部队的可靠保护，在以色列采取的有效对策面前，埃、叙严密的对空防御火网终于被摧毁了。战争初期曾被埃、叙控制的天空，又重新回到了以色列手中。

在强大空中优势的支援下，以色列地面部队在西奈半岛和戈兰战线发动了全面反攻，阿拉伯军队节节败退，被迫宣布接受"停火"。

在历时 18 天的第 4 次中东战争中，埃、叙投入交战的飞机有 1000 多架，损失飞机 451 架，其中空战损失 335 架；以色列投入作战飞机 488 架，共损失 120 架，但空战中损失仅有 6 架，出现了空战损失为 56 : 1 的惊人对比。以色列有 71 架飞机是被防空导弹和高射炮击落的，并且其中大部分是被新型的萨姆 -6 地对空导弹击落的。这个教训也相当惨痛。

电子战狂欢

1982 年 6 月 6 日，以色列借口其驻英大使遇刺，在美国的纵容和支持下，发动入侵黎巴嫩战争。战争期间，以军为夺取制空权，同叙利亚空军在贝卡谷地展开了一场历次中东战争以来规模最大的空战。汲取了赎罪日之战的惨痛教训的以色列空军，这次打出了一场极其精彩的战斗。同时，这场空战所体现出的新特点也具有划时代的意义，标志着空战进入高技术时代。

发射干扰弹的战机

叙利亚设在贝卡谷地的防空导弹基地，特别是其使用的苏制萨姆 -6 导弹，一直被以色列视为心腹大患，在第 3 次中东战争中曾让以军记忆深刻。在发动入侵黎巴嫩战争以前，为了压制叙军的防空导弹特别是萨姆 -6 导弹，已制订了周密的作战计划。6 月 9 日，以色列空军终于向贝卡谷地射出了复仇之箭。当日上午，以色列空军首先发射了大量无人驾驶飞机，从西部和南部两个方向进入叙军防空区域，诱使叙军发射防空导弹。叙军不知是计，导弹相继发射。

贝卡谷地上空红光闪闪。与此同时，远在地中海上的以军 E-2C "鹰眼" 预警机立即开始工作，几秒钟内便精确地测出了叙军指挥雷达的电波频率。接着，以军 96 架作战飞机在 E-2C 预警飞机的统一指挥下，由 F-15、F-16 战斗机进行高空掩护，F-4、A-4 型飞机进行低空轰炸攻击，使用多种精密制导武器和非制导武器进行饱和压制，在短短的 6 分钟内，便将叙利亚人苦心经营 10 余年、耗资 20 多亿美元才建立起来的 19 个萨姆导弹阵地变成了一片废墟。

得知贝卡谷地的导弹阵地遭到攻击，叙利亚空军立即起飞 62 架米格 -23 和米格 -21 战机，向贝卡谷地上空的以军攻击编队进行反扑。然而以色列空军对此早有防范。由 F-15、F-16 和 E-2C 飞机组成的混合作战机群在叙机可能来袭的方向早已建立了一道空中屏障。叙军的飞机刚刚滑出跑道，就被 "鹰眼" 牢牢地捕捉到了。在几秒钟内，电子计算机就将飞机的航迹等计算出来，并将飞机的距离、高度、方

在天上打架

E-2C "鹰眼"预警机

位、速度和其他资料迅速通知给自己的伙伴。叙机临近贝卡谷地上空,首先遭到以军电子战飞机的强电磁干扰。叙机机载雷达荧光屏上看不见以机,半自动引导装置也不起作用,耳机里听不清地面指挥口令,空战一开始就处于被动地位。以叙双方150多架飞机像蝗虫一般在贝卡谷地上空穿梭往来,以超音速的速度互相追逐,恰如一场"车轮战"。导弹不时地从飞机的机翼下发射出来;飞机发动机的轰鸣声、导弹的吼叫声、飞机中弹的爆炸声混在一起,使人弄不清飞机在哪里飞以及飞往哪里去。由于战场对以色列一方单向透明,加上以空军在空战中使用了自动寻敌导弹,以军在当日的空战中,取得了击落叙军30架,自己没有损失一架飞机的战绩。

9日夜晚,叙军紧急向贝卡谷地增援部队,尽一切力量阻止以军可能发动的进攻。然而,天一亮,以色列出动了92架飞机,采取和前一天一样的战法,一阵狂轰滥炸,将叙军新布置的4个萨姆-6导弹连和3个萨姆-8导弹连悉数摧毁。其间,叙利亚空军的52架飞机再度出击。然而,这一次它们的命运更惨,竟没有一架能够突破以色列的空中屏障安全地飞回来。以色列空军又一次取得了没损失一架飞机、击落叙军52架飞机的辉煌战绩。叙利亚再也承受不起这样的损失了,空军停止了出击。

在为期两天的空战中,以色列空军运用高新技术,以未损伤一架飞机,击毁叙军82架飞机的辉煌战绩,在全世界引起极大震动。以色列空军的胜利表明:电子战已成为现代战场不可忽视的部分。

六、根本停不下来

在天上打架

　　空中武器的研制，从速度到高度到机动性，发展到 19 世纪 70 年代，在"准确"上下的功夫已经越来越大了，瞄准这一目标，空中武器的进化根本就停不下来……

　　为什么要追求"准确"呢？因为在高空高速的过程中，战机的速度越来越快，机动性能越来越好，作战半径也越来越大，射速、射程非常有限的航炮在空战中就越发显得力不从心了，而目测寻敌的方式也变得乏力。

　　于是，为了最大地扩展战机的观测范围，人们把雷达装在了飞机上，同时，又在雷达的导引下，导弹这种强大而精准的武器终于登场了。

 难道有导弹后，飞机上就再也不需要安装航炮了吗？

空对空导弹

空对空导弹的代表作："响尾蛇"导弹

　　最早的导弹是由德国在二次大战末期研发出来的"亨舍尔"Hs117"蝴蝶"，但未投入实战。二次大战之后，空对空导弹的研发也在各国逐渐发酵，当时研发的主要目的是要对付携带原子弹的战略轰炸机。

　　空对空导弹是指在空中发射的导弹。一般由战机携带，发射。

AIM-7"麻雀"导弹

目前空对空导弹的导引方式分为三大类：主动雷达导引，半主动雷达导引以及被动导引，其中被动导引又分成被动雷达导引和红外线导引两种。

1965年4月9日是一个空战史上值得纪念的日子。这一天美国海军进行了一场空战，雷达制导的AIM-7"麻雀"导弹正式登上空战舞台。当天上午，4架F-4B在中国海南岛附近进入中国领空，于1000米左右高度与前来拦截的4架中国米格-17战斗机遭遇。

以当时的国际环境，谁也没想真的打这场空战。中国战斗机为了驱赶入侵者与"鬼怪"缠成一团，本着不开第一枪的原则没有开火；也许是被中国战机咬得太紧了，高度紧张的"鬼怪"飞行员们在很近的距离内一下子发射了8枚"麻雀"和2枚"响尾蛇"导弹。搞笑的是，10枚导弹仅有1枚命中了目标：当时一架美军的"鬼怪"正被一架中国飞机紧紧咬住。巧的是，中国飞机在导弹飞来时恰好听从长机的命令，右转弯脱离了美机，这枚"麻雀"便冲向前面的"鬼怪"，毫不客气地将其击落。

在天上打架

这还仅仅是悲剧的开始，剩下的 3 架美国战斗机在返回航空母舰时，先是一架由于机械故障而坠毁，然后在着舰时又有一架由于操作失误坠入大海——就是那架击落了队友的飞机。最终仅有一架"鬼怪"安全着舰。美国人始终以为他们击落的是中国的战机，当 4 架米格 -17 都在海南陵水机场休息的时候，美国人却还在庆祝他们的"胜利"。

这场战斗暴露出了当时空对空导弹的致命弱点：可靠性太低，根本没有敌我识别能力。十发一中而且击落的不是敌机，说明导弹并不像当初预计的那么好用。

但是，先不要着急下结论。作为超视距作战武器，空对空导弹必定会成为空中战场的宠儿。所谓超视距作战，指的是投射武器攻击目标时，是在目视无法看到目标的距离以外进行，包括使用望远装置，像是有放大功能的摄影机，协助观察与标定远距离目标。这个距离的长短目前尚未有明确统一的规定。不过大致上要在数十千米的距离以上才算。

1965 年 7 月 10 日，临时派驻越南的美国空军第 45 战术战斗机中队的 F-4C 取得了越战期间的第一场空战胜利——用 AIM-9 "响尾蛇"导弹击落了北越空军的米格 -17 战斗机。1966 年 10 月 5 日，第 8 战术战斗机联队的一架 F-4C 被北越空军的米格 -21 战斗机击落，成为第一架被空对空导弹击落的美国喷气式飞机。

四十五秒

1971 年 12 月 3 日，印度突然袭击巴基斯坦，发动了第二次印巴战争。这场战争只用了 14 天，在世界战争史上，算得上是时间很短的大战役。然而，短中之短的还是此次两国交火后的一次空战，时间比打个喷嚏还短，仅仅 45 秒钟，但战果辉煌，被浓墨重彩地写入了空战的史册。

 好吧，我们用 45 秒能干点啥呢？

1971 年 12 月 8 日，印度空军两架苏 –7 飞机飞越国境线，企图偷袭巴基斯坦境内的李萨勒瓦拉空军基地。就在苏 –7 还有 2 分 30 秒到达李萨勒瓦拉机场上空的时候，巴基斯坦的对空观察哨发现了它们并马上报告了巴空军。巴空军航空兵当即命令该基地的飞行员哈斯米中校在地面投掉副油箱，迅速驾驶歼 –6 飞机紧急战斗起飞，拦截企图偷袭的印机。

哈斯米中校驾机上升至 2000 米高度时，在其左前方发现了印机。哈斯米中校马上操纵飞行速度以高达 1100 千米 / 小时的歼 –6 迅速进入敌机尾后，准备从尾后对印机发起攻击。印空军的苏 –7 眼见巴军的歼 –6 在高速接近自己，感到大事不妙，于是，打开飞机加力系统，企图加速逃跑，殊不知这样做恰好是事与愿违。

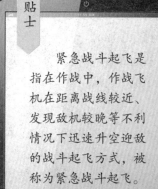

小贴士

紧急战斗起飞是指在作战中，作战飞机在距离战线较近、发现敌机较晚等不利情况下迅速升空迎敌的战斗起飞方式，被称为紧急战斗起飞。

歼 –6

因为，当苏–7打开加力后，虽然飞行速度变快了，但飞机尾部产生的热量也随之急剧增加，这样就给歼–6的"响尾蛇"导弹提供了一个绝好的攻击机会。

随着两架飞机之间距离不断接近，哈斯米眼见条件成熟，立刻发射了一枚导弹。第一架苏–7被击落。接着，哈斯米又紧紧追击正在企图摆脱攻击的敌僚机。当哈斯米驾机追击到距离印机500米、高度30米左右时，他使用航空机关炮进行瞄准射击，但没能成功。紧接着，当追击到距目标只有350米位置时，他再次使用航空机关炮，将第二架苏–7击落了。整个战斗过程前后只用了45秒钟。

在这次空战中，作战双方的飞机性能差异并不大，在某些方面苏–7甚至优于歼–6。哈斯米之所以能够在敌机距离自己机场只有两分半钟的情况下，迅速升空，并且在短短的45秒钟内一举击落两架印度飞机，其中很关键的原因在于哈斯米的良好的战术素养和娴熟的驾驶技术，而空对空导弹带来的远程精准、强效的打击效果也有着不可忽视的作用。当然，哈斯米创造奇迹从某种程度上还要感谢苏–7飞行员打开了加力。

从这以后，印度的苏–7飞机一遇到歼–6飞机，就提前盲目投弹而后快速逃走，变成了惊弓之鸟。

空袭巴格达核反应堆

F–16"战隼"战斗机

1981年6月7日下午6时30分，伊拉克首都巴格达的塔穆兹郊外显得格外宁静，一座银白色圆顶建筑物矗立在一片空旷的荒原上。它三面筑有马蹄形土堤，四周部署有地空导弹和高炮阵地。这就是令以色列恐惧不安的"乌西拉克"核反应堆。

只要你去把敌军的核反应堆炸掉，战争就结束了。

是，长官。

地球人都因为核灾难死光，战争当然就结束了。

小贴士

F-16"战隼"是美国制造的现代化多功能喷射战斗机。原先设计为一款轻型战斗机，辅助美国空军主流派心目中的主力战机 F-15，形成高低配置，后来演化为多功能飞机。在战机世代上为第四代战机。F-16 是一架单引擎，多重任务战术飞机。它配备有内建的 M61Vulcan 机炮，可装备空对空导弹。如果需要的话 F-16 也可以执行地面支援任务，能配备多种导弹或炸弹。

为了建造这座 70 兆瓦的核反应堆，伊拉克耗资 4 亿美元，历时近 5 年。

突然间，14 架以色列的美制战斗机出现在反应堆的上空，轮番俯冲，炸弹呼啸而下。空袭只进行了两分钟，庞大的核反应堆就被彻底摧毁。在空袭过程中，伊拉克的地空导弹没来得及发射，高炮也只是乱放一阵，没打着以色列的飞机。

单从军事上讲，这是一次精准且成功的空中偷袭。为了偷袭成功，以色列情报机构想方设法搜集了伊拉克核反应堆及其防卫情况的详细情报，把反应堆钢筋水泥外壳厚度、水泥成分、薄弱

在天上打架

位置,防卫力量的作战实力,外国专家的活动规律等都弄得一清二楚。为了完成使命,以色列人专门抽调了 6 架美制 F-15 和 8 架 F-16 战斗机来执行任务,这两种飞机是当时世界上最好的战斗机。由于空袭的航程很长,在 2000 千米以上,F-16 的油量稍显不足。为此,他们还对 F-16 飞机进行了专门的改装。

在飞行员的挑选上,以色列人也毫不马虎,他们从空军各个作战部队挑选了 24 名"尖子飞行员"组成行动突击队,指挥员是一名参加过三次中东战争的上校飞行员。突击队的训练十分严格,飞行员常常在干燥闷热、没

F-15"鹰"式战斗机

有地面标志、荒凉的沙漠地区上空进行长时间的超低空密集编队飞行,有时飞机与飞机之间的间隔竟不到 1 米。

在时间的挑选上,以色列同样做足了功课。6 月 7 日是伊拉克"圣灵降临节"的前一天,又是星期天,不仅伊拉克值班部队容易松懈,而且外籍专家均远离反应堆休息。这样空袭易于"得手",又可避免因外籍专家的伤亡而引起外交上的"麻烦"。

充足的准备、精心的策划让以色列人成功跋涉千里,完成了一次精准的空中打击。

这场空战也让世界认识了美国空军装备中的两个世界超级巨星——服役至今空战从来没有败绩、从未被击落的 F-15"鹰"式战斗机,和所有地面部队的噩梦 F-16"战隼"。这两款飞机迄今仍是美国空军的主力兵器,也在全世界各个国家大量装备。

F-15"鹰"式战斗机是一款美国开发生产的全天候、高机动性的战术战斗机,是美国空军现役的主力战斗机之一。F-15 能够携带 AIM-7"麻雀"导弹、AIM-9"响尾蛇"导弹、AIM-120 先进中程空对空导弹,其中进气道下方外侧可以挂载 AIM-7 和 AIM-120,机翼下的多功能挂架可以挂载 AIM-9 和 AIM-120。而在右侧进气道外侧还有一座 M61A1 火神机炮。F-15"鹰"式战斗轰炸机是双座、双重用

途战斗机，可全天候执行空中作战。

机载导弹的骄傲

 这是人类第一次用导弹击沉军舰吗？

1982年2月，围绕马尔维纳斯群岛（简称马岛）的主权争夺，英国和阿根廷打响了英阿马岛战争。

作为世界军事强国，军力强大的英国拿出了包括78艘战舰，

"超级军旗"攻击机

小贴士

马尔维纳斯群岛战争，简称马岛战争（也称"南大西洋战争"）或福克兰群岛战争，也有部分媒体简称为福岛战争，是1982年4月到6月间，英国和阿根廷为争夺马岛（阿根廷称"马尔维纳斯群岛"）的主权而爆发的一场战争。

40架战斗机，58架各型直升机和8500名陆军，以及60余艘负责后勤供给的征用民船在内的庞大军事力量，封锁了马岛。而安享和平近80年的阿根廷，几乎没有像样的军事力量，海军只有4艘潜艇，其中仅有1艘能发射命中率极低的鱼雷。不过，正在建设中的空军部队拥有经过特训的飞行员，以及从法国购进的14架"超级军旗"攻击机和9枚"飞鱼"式导弹。没想到就是这批数量有限的新生力量出其不意地重创了骄傲的英国皇家海军，震惊了世界。

1982年5月4日的大西洋马岛以南

在天上打架

"飞鱼"导弹

海域，阿根廷空军侦察情报系统发现了正在这里巡逻的英军"谢菲尔德"号导弹驱逐舰。这艘号称"英国舰队的骄傲"的军舰是大英皇家海军首批实现了动力和武器系统集中控制的先进战舰，属于主力战舰，在此次马岛作战中更是英国海军的核心进攻力量。

阿军决定亡命一搏，用3架携带"飞鱼"导弹的"超级军旗"攻击机突袭"谢菲尔德"号军舰。为了保证突袭成功，主攻的两架战机关闭雷达，在40米~50米高度以900千米的时速快速接近，而另外1架则进行伴动，在英军雷达警戒区内飞行，吸引对方的注意。

不过，火力超过"超级军旗"攻击机20倍的"谢菲尔德"号有一个重大缺陷——包括它在内的整个英国舰队都没有空中预警机，同时它也缺少低空舰载预警系统以及抗击超低空突袭的防御武器。舰上的防空导弹可有效地对付中高空来袭的敌机，但对15米以下掠海飞行的目标却无能为力，而"飞鱼"导弹掠海飞行高度只有2米~3米。更为致命的是一次关键性的巧合——英军正巧在和总部通话。为了顺畅地进行与伦敦总部的卫星通话，他们关闭了舰上的远程对空警戒雷达。

这次短暂而恰到好处的雷达关机，使两架"超级军旗"攻击机顺利地突进到距"谢菲尔德号"46千米处，进入了有效攻击范围。"超级军旗"攻击机组突然跃升至150米，同时启动机载雷达，迅速锁定了目标，两枚"飞鱼"式反舰导弹一跃而出，直扑"谢菲尔德号"。3架"超级军旗"攻击机迅速退出战场返航，它们的任务已经完成。

剩下的事就由这两枚"飞鱼"导弹来完成了——它们以15米高度巡航的两枚"飞鱼"导弹在距"谢菲尔德号"驱逐舰12千米~15千米处，锁定了目标，随后以

2米~3米浪尖高度实施掠海机动飞行，一直突进到距离"谢菲尔德"号驱逐舰5千米的目视距离时，才被值勤舰员发现。此时的"飞鱼"距目标仅仅剩下6秒钟的飞行时间，无论是紧急规避还是密集防御系统都来不及了。两枚"飞鱼"导弹结结实实地命中目标，击穿了"谢菲尔德"号的舰舷，弹头在舰体内炸响。"谢菲尔德"号驱逐舰当场瘫痪，舰长只能下令弃舰，6天后，这艘造价高达两亿美元的英国最先进的军舰，在拖回英国的途中沉入了大西洋底。

尽管这场战争最终以英军收复马岛取得胜利而告终，但是"谢菲尔德"号驱逐舰被击沉对于英国皇家海军无疑是一个沉重的打击。自此之后，各国海军都吸取了这个教训，开始重视加强空中预警系统和舰载雷达防御系统的发展建设，引发了舰艇作战防御的技术革命。这个战例展示出拥有精确打击能力的战机定点突袭的可怕，各国空军开始致力于发展更强的突防和更精准的打击武器。

突击先锋

战争发展到现当代，一种叫做直升机的空中打击武器成为了不可忽视的空中力量。在1982年的英阿马岛战争中，英国出动了近百架直升机支援登陆作战。它们突击在地面部队的最前方，摧毁装甲部队和防御工事，替地面部队清扫障碍，成为当之无愧的"突击先锋"。

早期的直升机

说到直升机，那么，直升机是谁最先发明的呢？这个看法目前不完全一致。比较公认的说法是，直升飞机源于法国。1907年，法国工程师伯雷格设计并制造了世界上第1架直升飞机。不过，当它从地面垂直向上腾空而起的时候，因为机身振动得很厉害，只得用绳子把它拴在地面上，所以很不实用。1939年，第一架接近实

在天上打架

用的直升机由美籍俄国人西科斯基研制成功。这个西科斯基是个传奇式的人物，他曾在1914年研制成当时世界上最大的轰炸机。

 直升机为什么不叫做直升飞机呢？

武装直升机之王——"阿帕奇"武装直升机

直升机是靠装在机身上部的螺旋桨作水平方向旋转，可直升直落的飞机。但人们从来都不称呼它为直升飞机，因为直升机的飞行原理和结构与其他飞机完全不同。

直升机和我国民间的一种玩具———竹蜻蜓有不解之缘。正是竹蜻蜓的飞行原理给直升机的发明提供了启示。由于结构的特点，直升机和飞机相比，飞行速度慢，有效载重小，稳定性和操纵性也差一些。但直升机具有飞机所不具备的特殊本领。我们知道，飞机起飞和降落，需要有坚固跑道的机场，占用大量的土地不说，还花费很多的钱。而且在战争中，机场往往是敌方最先攻击的目标。直升机可以垂直起飞、降落，需用场地很小，对场地的要求也不高，有的直升机甚至还可以在江河湖海中起降。飞机只能往前开，直升机却能向前后、左右等方向飞行，并且能在空中悬停和在空中定点转弯。

直升机现在是个大家族，有运输用的，有救护用的，有救援用的等等。就拿武装直升机来说吧，也有反坦克、反舰、反潜、火力支援、空战等不同种类。

在天上打架用的，当然是武装直升机。武装直升机是装有武器，为执行作战任务而研制的直升机。上世纪40年代，德国在运输直升机上加装了一挺机枪，一开始是用于自卫，后来也用来执行轰炸、扫射等任务。朝鲜战争第5次战役的时候，一些被打散的志愿军战士利用朝鲜的山地打游击。美军想到用直升机对付游击战，结果效果非常理想。尝到甜头的美国在后来的越南战争中大量使用直升机，除了运送部队、战场救护和物资运输之外，第一种专门设计的武装直升机AH-IG也于1967开始装备部队，并用于越南战场。在战争中，直升机的作用越来越凸显出来，使得直升机不仅仅成为现代战场上必不可少的空中武器，还将在未来的高技术战争中，发挥更加重要的作用。

现在，我们就来说一说波音AH-64"阿帕奇"武装直升机。它是美国陆军现役主力武装直升机，是目前最先进的武装直升机之一。

"阿帕奇"武装直升机的最大时速为365千米，最大航程约1900千米，机上装有一门30毫米口径的航炮。可挂装16枚反坦克导弹或4枚空对空导弹，或火箭等武器，能执行反坦克、对地攻击和为直升机护航等任务。

1991年的海湾战争中，"阿帕奇"武装直升机参加了实战。美军总计有277架"阿帕奇"武装直升机投入了战场，凭借优异的射控系统、强大的机动力与火力，"阿帕奇"武装直升机"蹂躏"了伊拉克的装甲部队。

1991年1月17日凌晨，联军首先派出两组"阿帕奇"武装直升机打头阵，在夜色的掩护下低空进击，摧毁了伊拉克境内的两座预警雷达以及相关设施。紧接着，由联军上百架战机组成的空袭机群从这个被AH-64A打出的防空网漏洞中涌入伊拉克，正式揭开"沙漠风暴行动"的序幕。随后，在"阿帕奇"机群的掩护下，多国部队的2000多名官兵、大批坦克和火炮，快速进入伊拉克。在这场战事中，"阿帕奇"武装直升机总计发射5000枚地狱火导弹，击毁约500辆主战坦克和其他一些军事目标。曾有一架"阿帕奇"武装直升机发射7枚地狱火导弹，击毁7辆伊拉克坦克的战例。

"阿帕奇"武装直升机在之后的科索沃战争和阿富汗战争也都有精彩表现，使它有了"武装直升机之王"的美誉。

在天上打架

"阿帕奇"武装直升机固然很强大，但它并不是没有对手。阿富汗步兵发展出了一种简单、成本低廉又有效的反直升机战术：他们从1993年索马里民兵击落美国特种部队的UH-60"黑鹰"直升机的方法中获得灵感，以大量便宜的RPG肩射战防火箭朝AH-64A机群乱射，给美军机队造成不少麻烦。

苏联卡-50"短吻鳄"武装直升机

中国直-10武装直升机

当然，对付武装直升机最有效的武器还是直升机。未来战争中，直升机间的空战是不可避免的。为此，各国都在大力发展自己的武装直升机，其中可以和"阿帕奇"一决高下的是俄罗斯的卡-50"短吻鳄"武装直升机。

卡-50是俄罗斯第一型专用攻击直升机，也是世界上第一种共轴双三桨旋翼攻击直升机，还是世界上第一种具有弹射装置的武装直升机，当遭遇攻击被迫弃机时，驾驶员可以跳伞，成功脱险。

它的最大平飞时速为350千米，可挂装速射航炮、反坦克导弹和火箭弹，也能挂装空对空导弹对敌直升机和低空攻击机以及巡航导弹进行攻击。

直-10武装直升机是中国最先进的武装直升机。它亦是目前世界上非常先进的武装直升机。

七、现代战机的超级家族

　　今天，在天空之中和之外的博弈丝毫没有放缓，反而愈演愈烈。新概念武器层出不穷，未来的战争已经不再是我们想象中的战争。所有人都知道，空中依然是最最重要的战场，也正是这个原因，战机家族和武器系统也在不断丰富之中。

  现代世界各国都有哪些著名的飞机呢？

　　现代战机已成为一个超级庞大的家族，包括："空中猎手"战斗机家族、"突击先锋"攻击机家族、"投弹机器"轰炸机家族、"遥控杀手"无人机家族、"空中哨兵"预警机家族、"战争快递"军用运输机家族、"独家技能"特种飞机家族等。让我们挑几个战机"明星"，看看现代战机都长什么样……

空中猎手：战斗机家族

　　战斗机也被称为"歼击机"，主要用于歼灭敌方飞机和进行空袭，具有火力强、速度快、机动性好等特点，是航空兵空战的主要机种，也可用于对地攻击。

　　现代的歼击机，大多装有航空机关炮，雷达制导中距导弹、红外制导近距导弹、激光制导炸弹等。现代歼击机通常装备有先进的电子对抗设备，最大飞行时速为 3000 千米，最大飞行高度达 20 千米，最大航程达 5000 千米，低空作战半径超过 800 千米。

战机"明星"之一：苏-27 战斗机

苏-27 设计要求航程长、重武装及很高的操控灵活性。在战机世代上，为第三

苏 –27 战斗机

代战机。

"眼镜蛇动作"是苏 –27 战斗机最知名，也最具代表性的高攻角机动动作。

1989 年巴黎航展上，低速冲场的苏 –27 猛然抬头，攻角达 110 度，以机尾朝前的姿态前进约 1.5 秒而后回到平飞状态，几乎没有高度变化。此一动作酷似准备攻击前的眼镜蛇，被称作"眼镜蛇动作"，由于普加乔夫是第一位公开表演此动作的飞行员，且该动作带给航空界太大的震撼，因此又称为"普加乔夫眼镜蛇动作"。

不过苏 –27 战斗机给世界各国带来最大震撼的并非眼镜蛇动作，而是他首度亮相世人面前就悍然做出的"空中手术刀机动"。

小贴士

苏 –27 战斗机，又称为苏 –27 歼击机，是在前苏联时期由苏霍伊设计的单座双发全天候重型战斗机。其北约命名称为侧卫（Flanker）。苏 –27 由前苏联制造，设计用来对抗 1970 年代美军发展的战斗机，主要的假想敌是 F–15。

在天上打架

空中猎手是我，你就是一个打酱油的。

我是空中猎手。

1987 年 9 月 13 日早上 10 时 39 分，挪威空军 P–3B "602" 号正飞行在巴伦支海上空，机上共有 10 名乘员（P–3B 是反潜机，一般也用于情报收集）。

慢慢地它开始往苏联海岸线飞去，以便收集更多苏联的情报。这时，一架苏联的最新战机苏 –27 向他飞来进行拦截（这是西方第一次这么近的距离来观察这种战机），P–3B 晃动机翼表示马上离去，于是，苏 –27 飞走了。

但是 P–3B 并没有离去，继续在海岸线平行飞行。然后，苏 –27 又来了，这次它紧贴过来，而且在超过 P–3B 很近的地方侧身翻滚，强大的发动机喷流几乎让 P–3B 失去控制。P–3B 迫于无奈，掉转机头向海洋中间飞去。苏 –27 再次离开了。

苏 –27 "眼镜蛇" 机动示意图

过了一会儿，P–3B 又重新返回。这次，苏 –27 要行动了。只见它飞快地跟上来，打开减速板，在 P–3B 的右下同步飞行。它逼得那么近，翼尖的导弹和飞行员的眼神都闪着寒光，叫人不寒而栗。

突然，苏 –27 打开加力，飞机就像一只咆哮的巨兽向前蹿去。它的座舱盖避开了 P–3B 高速旋转的螺旋桨，用自己的左侧垂尾硬生生地把 P–3B 的一台发动机划开，就像手术刀一样。一阵金属的碰撞声和烟雾过后，P–3B 那台发动机当场停工，然后苏 –27 漂亮地做了个向右翻滚，回到了自己的机场。

由于发动机的停工，P-3B 下跌了大约1000 英尺，几乎在没有多少高度的时候才控制住，所幸无人受伤。事后 P-3B 的机组谈起此事无不心有余悸。

苏 -27 与 P-3B 的第一次接触

苏联飞行员凶悍的行为和高超的驾驶技术以及苏 -27 惊人的性能，同时震惊了全世界。这就是大名鼎鼎的"侧卫"家族的最杰出的代表苏 -27，在这个世界的首度惊艳亮相。而整个"侧卫"家族在之后的几十年里，还不停地给这个世界带来种种惊叹。

战机"明星"之二：F-22 战斗机

第四代飞机要求具有"4S"标准：隐身性能，超音速巡航能力、高机动性与敏捷性、超级航空电子系统。目前达到"4S"的型号仅有美国的 F-22、F-35，俄罗斯的 T-50，中国的歼 -20、歼 -31。

日本、韩国等国家也都曾经有过研制的计划，但均未成功。可见四代机技术门槛之高。而所有四代机的领衔者，就是凝结了大量尖端科技，昂贵到美国政府都负担不起的 F-22 战斗机。

F-22 "猛禽"战斗机

F-22 自 2000 年陆续进入美国空军服役，以取代上一代的主力机种 F-15 "鹰"式战斗机。F-22 是当代造价最昂贵的战斗机种之一，是当今世界最强战斗机。它配备了 AN/APG-77 主动相控阵雷达、AIM-9X 红外线空对空导弹、AIM-120C/D 中程空对空导弹、F119-PW-100 推力矢量引擎、先进整合航电与人机界

在天上打架

面等。在设计上具备超音速巡航、超视距作战、高机动性、对雷达与红外线隐形等特性。据估计其作战能力为 F-15 的二到四倍，属新一代中型战斗机。F-22 被公认为现代前十大战斗机第一名。

洛克希德·马丁公司宣称，"猛禽"的隐身性能、敏捷性、攻击精确度和态势感知能力结合，组合其空对空和空对地作战能力，使得它成为当今世界综合性能最佳的战斗机。

战机"明星"之三：F-35 战斗机

由于陆海空三军都需要满足自己要求的飞行器，单独开发难免低效率和重复投资，而新时代又要求三军联合多门类合作，需要武器以及配件的统一，所以必须进行模块化

和一机多能等综合化设计。联合打击战斗机计划就是在这种综合化思路下开始实施的。

联合打击战斗机计划是一个发展和收购的国际性国防计划，将取代美国和其盟国大量的老化中的战斗机、战斗轰炸机和攻击机。

波音的 X-32 和洛克希德公司的 X-35 经过一轮竞争之后，最后选择了 X-35 的设计。这就是 F-35"闪电"II 打击战斗机的原型。它在未来将取代各种西

F-35"闪电"战斗机

方主力战机，包括 F-16、A-10、F/A-18、AV-8B 战机。

F-35 作战半径超过 1000 千米，具备超音速巡航能力。由于相对于 F-22 要便宜不少，F-35 将成为美国和其盟国在 21 世纪的空战主力。美国空军、海军、海军陆战队将装备 2443 架，取代 F-16 与 A-10 攻击机等，其他共同研发国家则共装备 710 架。英国、意大利、荷兰、澳大利亚、加拿大、挪威、丹麦、土耳其、以色列和日本均参与研发并可能装备。

F-35 虽为 F-22 的低端辅助机种，然而因为它是在 F-22 之后研发的，所以像航电系统，飞机结构隐身等都反而比 F-22 还先进。

战机"明星"之四：歼-20 战斗机和歼-31 战斗机

歼-20（代号威龙，北约代号：火焰獠牙 ）是中国成都飞机工业集团为中国人民解放军研制的第四代双发重型隐形战斗机。首架原型机于 2011 年 1 月 11 日在成都实现首飞。

歼-20 总体上采用了隐身设计。歼-20 的设计者力求在隐身、机动和超音速巡航等技术指标上实现平衡，使得歼-20 不论亚音速、超音速，还是高音速状态下，其机动作战能力，超过了俄罗斯五代机 T-50，远好于美国五代机 F-22，可以轻松

歼-20 战斗机

在天上打架

做出种种不符合常规、超乎想象的恐怖动作。

2014 年 10 月，在网络上曝光的 2012 号歼 -20 隐形战机进行试飞时的照片。

图中歼 -20 战机在空中连续做出了多个高难度的飞行动作，展现了其优异的空中机动能力。

歼 -20 预计将在 2017 年 ~2019 年间投入使用，2020 年后逐步形成强大战斗力。

歼 -31 是沈阳飞机工业集团研制的第四代双发中型隐形战斗机，代号"鹘鹰"。

歼 -31 战斗机具有很高的生存能力。它的低雷达可探测性、低红外辐射特性、优异的电子对抗性能等设计为歼 -31 提供了很好的保护。歼 -31 还具备多任务能力：它强大的目标探测和外部信息综合能力、优异的态势感知和信息共享能力、超视距多目标攻击和大离轴角全向攻击格斗空战能力、对地和海面目标精确打击能力、适应复杂气象条件的能力都很强。因此，歼 -31 是一款令世界各国高度关注的战机。

目前猜测，歼 -31 主要用途

歼 -31 战斗机

有三种：一是与重型隐形战斗机歼 -20 形成高低搭配；二是拟推出的隐形战机出口型号；三是发展为替代歼 -15 战斗机的新一代隐形舰载战斗机。目前就歼 -31 是否上舰，成为新型舰载机的争议不少。很多人希望歼-20能成为国产航母的舰载机。但目前看来,歼-31成为舰载机的可能性比较大。因为要成为舰载机必需的设计改动,歼-31明显要少。

战机"明星"之四：T-50 战斗机

T-50 战斗机是一款由俄罗斯联邦联合航空制造公司旗下苏霍伊航空集团主导,在"未来战术空军战斗复合体"计划下开发、生产的高性能多用途战斗机。

T-50 战斗机

作为第五代战斗机,T-50 战斗机原型机于 2010 年 1 月 29 日进行了首次试飞,在 2010 年 2 月 6 日和 2 月 12 日,进行了第二次和第三次飞行。截至 2010 年 8 月 31 日,试飞 17 次,到 11 月中旬,共进行了 40 次试飞。第二架原型机由 2010 年年底开始飞行试验,但被推迟直到 2011 年 3 月。2012 年后,俄罗斯国防部将购买首批 10 架评估试验机,然后在 2016 年后装备 60 架标准型号。首批战机将配备现有技术引擎。

T-50 型号战斗机预期服役寿命为 30~35 年。T-50 战斗机并未达到如 F-22 般的隐身能力,而是以复合材料、气动布局、抑压引擎特征等手段实现其隐身功能。目前普遍认为,T-50 战斗机在后期的研发中,其隐身能力可以达到 F-35 战斗机的水平,但气动性能要比 F-35 战斗机好很多。

突击先锋：攻击机家族

攻击机主要攻击地面目标，所以对攻击机的要求是：载弹量大，火力强，皮实耐用，主要挂载航空炸弹、钻地弹、对地攻击导弹等，在必要的时候挂载副油箱以增加航程和作战半径。

攻击机具有良好的低空操纵性、安定性和良好的搜索地面小目标能力，可配备品种较多的对地攻击武器，一般在其要害部位有装甲防护。

战机"明星"之五：A－10"雷电"攻击机

A－10"雷电"是美国空军的单座双引擎攻击机，官方昵称来自于二战时有着出色表现的P-47"雷霆"式战斗机，但它更常被称为"疣猪"。

1991年，第一次波斯湾战争打响，A-10参加了"沙漠风暴"等行动，负责攻击敌方战车、武装车辆、重要地面目标等。另外它也提供前进空中管制，导引其他攻击机对地面目标进行攻击。这次实战迎来了它命运的转变：在这之前人们都不看好它，但它辉煌的战绩证明了自己是美国和其盟军不可或缺的角色。

这款神奇的飞机配置了一款30毫米口径，液压驱动的7管加特林机炮。它在500米距离上可以击穿69毫米的钢板，在

A－10"雷电"2型，它的招牌就是GAU-8型加特林机炮

1000米距离上可以击穿38毫米的钢板。这门机炮开火时能产生大约5吨的后坐力。但是，A–10上的两个引擎，每个的推力才大约4吨。也就是说，如果在这架飞机上装两门机炮并且同时开火，飞机就会倒着开了。

A–10具体战术指标是：在飞机速度为500千米／小时的情况下可携带全部武器（18颗225千克MK–82炸弹和1350发30毫米机炮炮弹）、在标准的热带昼间条件下，能从1200米长的跑道上起飞；若只带4颗MK–82炸弹、750发炮弹、必要的燃油足以飞往80千米外的战区，紧急情况下，能从前线机场300米长的跑道上起飞。

战机"明星"之六：强–5攻击机

强–5攻击机是中国参照苏联米格–19战斗机，自行研制的一型单座双发超音速喷气攻击机。

强–5攻击机

强–5攻击机是中国航空工业集团公司洪都航空工业集团于20世纪50年代末设计制造的中国第一种攻击机。该机1958开始研制，1965年6月首飞，同年底通过初步设计定型。该机有多种机型。强–5攻击机系列飞机自1968年成批生产，2012年10月25日交付最后一架。

在天上打架

强-5攻击机具有良好的低空机动性能，主要用于低空、超低空对地面或水面战术、战役纵深目标和有生力量进行攻击，直接支援地面部队作战。它至今仍是唯一由第三世界国家发展成功的喷气式攻击机。其性能在长达40余年的生产、服役经历中不断得到改进提高。再加上各国飞行员对其产生的好感和信赖，至今仍是中国和一些第三世界国家前线航空兵的主力机种，并且经过性能提升后将继续服役。

战机"明星"之七：苏-25攻击机

苏联陆军为了增加大规模摩托化常规地面战争的胜算，推出了苏-25攻击机，北约代号"蛙足"。苏-25攻击机是苏联苏霍伊设计局研制的亚音速单座近距支援攻击机，与美国的A-10相对应。

苏-25攻击机是苏联研制的亚音速单座攻击机，1968年研制，1975年2月首飞，1984年装备部队。苏-25攻击机的主要特点是：能在靠近前线的简易机场上起降，执行近距战斗支援任务，反坦克能力强，机翼下可挂载"旋风"反坦克导弹，射程10千米，可击穿1000毫米厚的装甲。苏-25攻击机拥有个很好的低空机动性，可在载弹情况下，在低空与武装直升机米格-24协同，配合地面部队作战；防护力较强，座舱底部及周围有24毫米厚的钛合金防弹板。

苏-25攻击机曾在阿富汗战争中大量使用。苏-25攻击机空重9.5吨，最大载

苏-25攻击机

弹量 4.4 砘，作战半径 400 千米 ~700 千米，能在 30 米 ~5000 米高度遂行战斗任务。在车臣战争中苏 -25 攻击机及其各种改进型飞机都投入了实战。该机表现出火力强大、安全性能好等特点，尽管非法武装从境外获得了"毒刺""星爆"等美英先进的单兵防空导弹，却从未击落过一架苏 -25 攻击机。

投弹机器：轰炸机家族

轰炸机按任务范围分为战略轰炸机和战术轰炸机；按载弹量分重型、中型和轻型轰炸机；按航程分为近程、中程和远程轰炸机。

轰炸机机载武器系统包括各种炸弹、导弹、鱼雷、航炮等。电子设备包括自动驾驶仪、地形跟踪雷达、领航设备、电子干扰系统和全向警戒雷达等，保障其远程飞行和低空突防。

战机"明星"之八：B-2 隐身轰炸机

B-2 "幽灵"是目前世界上唯一的隐身战略轰炸机，在麻省理工学院科学家协助之下由美国空军研制生产。1997 年，首批 6 架 B-2 轰炸机正式服役，而至今一共只生产 21 架。

在 F-117A "夜鹰"攻击机退役，F-35 "闪电 II 式"战斗机尚未服役之时，B-2 与 F-22 "猛禽"式战斗机为目前世界上仅有可以进行对地攻击任务的隐身型机种。

B-2 轰炸机的隐身能力使它能安全地穿过严密的防

> **小贴士**
>
> 轰炸机主要用于对地面、水面目标进行轰炸。具有突击力强、航程远、载弹量大等特点，是航空兵空中突击的主要机种。

在跑道上滑行的 B-2 "幽灵"轰炸机

149

空系统进行攻击。B-2 轰炸机的隐身并非仅局限于雷达侦测层面，也包括降低红外线、可见光与噪音等不同信号，使被侦测与锁定的可能降到最低。B-2 轰炸机的机体大多都是由复合材料制造，可以达成高强度与低重量的要求，同时复合材料也可以吸收大部分的雷达信号，使其雷达截面积降低至极低的程度。一般认为，B-2 轰炸机的雷达截面积仅为 0.1 平方米。

B-2 轰炸机第一次投入实战是在塞尔维亚的科索沃战争，这是投入服役 10 年后的第一次出战。

美国空军 B-2 轰炸机

为什么 B-2 轰炸机服役这么久都没有出战呢？

首先，当然是因为 B-2 轰炸机太贵。每架 B-2 轰炸机造价为 24 亿美元，美军舍不得。并且，B-2 除了本身依赖隐身科技外完全没有防卫能力，万一被击落除了损失金钱和颜面之外，还有可能使隐身科技落入他国之手。

其次，一般的区域冲突中，其他种类的轰炸机就可以完成轰炸任务，所以不需要派出昂贵的奢侈品 B-2 轰炸机。

战争中出现的著名 B-2 轰炸机事件就是中国驻南联盟大使馆被炸事件。

B-2 轰炸机平时部署于美国本土的基地中，随着 21 世纪初亚太情势紧张，B-2 轰炸机未来将可能向夏威夷、日本与韩国进行前沿部署。

战机"明星"之九：图 -160 轰炸机

图 -160 是苏联图波列夫设计局（现俄罗斯联合航空制造集团）研制的超音速可变后掠翼远程战略轰炸机，北约赋予的代号为"海盗旗"，同时由于其优雅的外形和俄罗斯空军的白色涂装使其也被赋予"白天鹅"的美称。

图 -160 是世界上最大的轰炸机。它装备着世界上推力最强劲的军用航空发动机。图 -160 旨在替换图 -22M 轰炸机，并与美国空军的 B-1 轰炸机相抗衡，后起

之秀的图 -160 轰炸机速度比美国 B-1 轰炸机快 80%，比 B-1 轰炸机大将近 35%。图 -160 轰炸机的航程比 B-1 轰炸机多出将近 45%。

1987 年 5 月，图 -160 轰炸机开始进入部队服役，1988 年形成初始作战能力。图 -160 轰炸机的作战方式以高空亚音速巡航、低空亚音速或高空超音速突袭为主，在高空时可发射长程巡航导弹，能在敌人防空网外进行攻击。它在担任防空压制任务时，可以发射短距离导弹。此外，该机还可以低空突袭，用核弹头的炸弹或是发射导弹攻击重要目标。

图 -160 轰炸机

2003 年 8 月 22 日下午，两架图-160 战略轰炸机从萨拉托夫州空军基地飞往远东。在 9 个半小时的飞行中，图-160 原型机涂装进行了超音速飞行、超低空高速飞行、反战斗机攻击等一系列项目的演练，尔后降落在符拉迪沃斯托克郊区的克涅维奇机场。这时，许多人才惊讶地发现，乘坐其中一架图 -160 的竟然有俄国防部长谢·伊万诺夫。自 1987 年图 -160 装备部队以来，伊万诺夫成为第一位乘坐和协助驾驶这种战略轰炸机的部长级高官。两架图 -160 战略轰炸机是首次参加远东地区的演习。俄罗斯现在正对图 -160 轰炸机进行现代化的改造，配备最新武器。图 -160 轰炸机

仍然是俄国引以自豪的远程战略轰炸机。

2007年，俄罗斯总统普京签署了正式列装图-160轰炸机战略轰炸机的命令。近18年来，图-160轰炸机一直处于试用阶段，也就是说，在此期间曾驾驶它的空军飞行员都只是严格意义上的试飞员。2007年12月28日，俄罗斯图波列夫公司的试飞员伊万诺维奇·茹拉夫列夫在"戈尔布诺夫"喀山航空生产联合体完成了新图-160

美国海军 X-47A 隐形无人战斗机

轰炸机发射巡航导弹的首飞，这是俄罗斯航空工业获得的巨大成就。

遥控杀手：无人机家族

 无人机是没有人驾驶的飞机吗？

无人机，顾名思义，就是无人驾驶的飞机。

无人机揭开了以远距离攻击型智能化、信息化武器为主导的"非接触性战争"新篇章。目前，世界各主要军事国家都在加紧研制无人机。

无人机体积小、造价低、使用方便、对作战环境要求低、战场生存能力较强等优点。但由于还是新

"全球鹰"无人机

生事物，各项技术不够完善，并未完全发挥出巨大影响力。

无人机具有更强的机动性：战斗机飞行员对过载的耐受性限制了飞机作战时的高机动飞行能力，而无人战斗机消除了这一瓶颈，从而使得机动性大幅提高。

无人机重量更小：重量可以影响很多方面，如续航时间、加速、有效载荷等。毕竟驾驶舱内的一两名飞行员及所有物品

MQ-8 火力侦察兵无人机

会有很大的重量。

无人机有更好的空气动力：因为没有人，就不需要飞行员座舱盖。

无人机还有更强的环境感知能力：利用无人战斗机能够在地面上构建虚拟座舱，这比飞机上安装任何装置都有效。而且，对于执行制空任务而言，环境感知是很重

MQ-9 "死神" 无人机

要的，而空对空作战并不需要在实际飞机上进行侦察。

无人机执行任务更轻松：地面飞行员可以留在地面大后方控制他们的无人战斗机，执行任务时更舒适，更安心，更灵活。

第一架得到认证的无人机是 RQ-4 "全球鹰"。RQ-4 "全球鹰" 是诺斯洛普·格鲁门公司的无人飞机（UAV）产品。

RQ-4 "全球鹰" 服役于美国空军。它可以为后方指挥官综观战场或是细部目标监视提供的能力，并装备有高分辨率合成孔径雷达，可以看穿云层和风沙。

MQ-8 火力侦察兵无人机是美国诺斯洛普·格鲁门公司研制的一种垂直起降无人机，现有海军型和陆军型两个型号。

火力侦察兵无人机向指挥系统提供对侦察、态势感知、精确定位的支持。

第一种猎杀无人机是由通用航空系统为美国空军、美国海军和英国皇家空军开发的 MQ-9 "死神" 无人机。它具有长时程、高海拔监视的特点。

MQ-9 "死神" 无人机使用一台功率为 900 马力的涡轮螺旋桨发动机，载弹量也很大，装备 6 个武器挂架，可搭载海尔法导弹和 500 磅炸弹等。

2007 年 9 月 27 日，美空军首架"死神"无人机被派往阿富汗执行作战任务。10 月 27 日、11 月 6 日，"死神"无人机分别首次向阿富汗武装分子发射了一枚"海尔法"空地导弹和一组激光制导炸弹。

该无人机是目前流行的以精确打击对手指挥系统，俗称"斩首行动"的主要武器。

"猎鹰 HTV-2 号"超音速飞机是美国军方研制的史上飞行速度最快的无人飞机。该战机可携带 5 吨重的物资，以超过音速 5 倍的速度在 2 小时内可抵达世界任何地方，尤其在攻击敏感目标、加固目标等方面具有明显优势，更能适应未来作战的需要。

"猎鹰 HTV-2 号"超音速飞机

2011 年 8 月 11 日上午，"猎鹰 HTV-2 号"飞机在美国加州范登堡空军基地成功发射升空，在独自飞行并返回地球时失去联系。

在军事上，这种航天飞机既可作为全球高超音速运输、洲际轰炸和战略侦察，又可作为航天运载工具或太空兵器，有可能成为一般轰炸机、战斗机和导弹所"不可比拟"的攻击和防御力量。

现在，我们的天空虽然平静，但是，各式各样的空战利器已经蓄势待发。新的技术、新的概念以及新的领域，又将把未来的天空争霸引向何方呢？

也许看了这本书，会激发起你探索的勇气，那么，未来，让我们静静地等待。

小贴士

在 2010 届航展上，由中国航天科技工业集团系统展出名为 WJ—600 的无人机更是令世人瞩目。这款可隐身实施高速突防的无人机代表了中国在智能控制军用航空器领域的新技术。